KB066076

카밍 시그널

세상에서 가장 아름다운
반려견의 몸짓 언어

모든 동물은
생태계에서 존재할 평등한 권리를
가지고 있다.

이 권리의 평등은
개체와 종의 차이를 가리지 않는다.

—

세계동물권리 선언 제1조

카밍 시그널

세상에서 가장 아름다운
반려견의 몸짓 언어

투리드 루가스 지음 | 강형욱 감수 및 사진
다니엘 K. 엘더 옮김

한국어판 서문

Preface
독자 여러분께

『카밍 시그널』이 드디어 한국에서 출판된다니 너무나 기쁩니다. 반려견들이 서로 대화하는 모습은 무척이나 아름답습니다. 그리고 그들은 같은 방법으로 우리 인간과도 소통하려고 합니다. 이 책을 읽고 독자 여러분도 그 모습을 발견하게 되면 좋겠습니다. 시간을 내어 반려견을 주의 깊게 살펴보면 반려견과 더 깊은 대화를 나누는데 도움이 될 것입니다. 저는 반려견과 대화하는 방법을 알게 된 후 새로운 세계를 경험할 수 있었습니다. 한국의 독자 여러분도 같은 경험을 하실 수 있기를 바랍니다.

한국 독자 여러분과 여러분의 반려견에게 행운이 함께 하기를….

투리드 루가스 드림

처음부터 지금까지 늘 저와 함께 한
제 반려견 '베슬라'에게 고마운 마음을 전합니다.
그리고 이 책이 세상에 나올 수 있도록
도움을 아끼지 않은 테리 라이언에게도 고맙다는 말씀을 드립니다.
테리는 이 책의 예술적 작업을 맡아주었을 뿐만 아니라
이 책이 출간될 수 있도록 여러 도움을 주었습니다.

감사합니다.

Vesla's Story

베슬라 이야기

브리아드BRIARD 한 마리가 난폭하게 짖어대며 작은 노르웨이 엘크하운드NORWEGIAN ELKHOUND를 향해 전속력으로 달리기 시작했습니다. 그 모습을 본 엘크하운드는 무서워하기는커녕 그 자리에 가만히 서서 한쪽으로 고개를 돌렸습니다. 그러자 돌진해오던 브리아드는 중간에 멈춰 서서 어쩔 줄 몰라 하더니 이내 딴청을 피우기 시작했습니다. 코를 땅에 박고 킁킁거리던 브리아드는 잠시 후 원래 있던 곳으로 돌아갔습니다.

이 이야기는 제 훈련장에서 있었던 일입니다. 당시 훈련 중이던 브리아드는 다른 반려견과 잘 어울리지 못했습니다. 이야기에 등장하는, 13살 된 작은 노르웨이 엘크하운드가 바로 저의 반려견 베슬라입니다.

베슬라는 흥분한 반려견을 어떻게 하면 진정시킬 수 있는지 잘 알고 있습니다. 상대 반려견이 아무리 난폭하고 무섭게 굴어도 스트레스를 받거나 짜증을 내는 법이 거의 없습니다. 11년 동안 어떤 반려견 앞에서도 당황한 모습을 보인 적이 없는 베슬라는, 분쟁을 해결하는 능력이 뛰어나며 생존에 필요한 능력과 지식을 두루 지닌 훌륭한 반려견입니다.

그러나 베슬라가 처음부터 그랬던 것은 아닙니다. 다른 보호자에게 입양되기 전 받아야 하는 적응훈련 과정에서 베슬라는 매우 폭력적인 모습을 보여 다른 반려견들을 힘들게 했습니다. 훈련을 몸서리치게 싫어하고 그 과정에서 스트레스를 심하게 받는 베슬라를 저는 어디서부터 어떻게 도와주어야 할지 도무지 알 수가 없었습니다. 결국 아무도 그런 베슬라를 원하지 않았기에 하는 수 없이 제가 입양을 했습니다.

베슬라를 훈련시키는 건 결코 쉬운 일이 아니었습니다. 베슬라는 단연코 제가 데리고 있던 반려견 중 최악이었습니다. 하지만 시간이 지나자 서서히 나아지기 시작했고 어느덧 앞발로 커튼을 뜯는 행동도, 산책 때마다 다른 반려견을 물려고 하던 버릇도 사라지기 시작했습니다. 베슬라는 그렇게 안정을 찾아갔습니다.

그러던 어느 날, 놀랍게도 베슬라가 다른 반려견과 소통하고 있는 걸 발견했습니다. 반려견의 언어를 이해하기 시작했던 것입니다. 베슬라의 소통 능력이 회복되는 걸 본 저는 평소에 사용하던 훈련방법을 적용해 보았습니다. 아무리 조그마한 것이라도 올바른 방향으로 성장할 때마다, 카밍 시그널CALMING SIGNALS을 보일 때마다 즉시 칭찬해주었습니다. 그러자 베슬라의 소통 능력은 점점 나아지기 시작했습니다.

이런 과정을 겪으며 저는 칭찬을 통해 반려견의 언어 능력을 성장시킬 수 있다는 걸 깨닫게 되었습니다. 베슬라가 빠른 속도로 발전해나가자 어느새 저 뿐만 아니라 다른 반려견들도 베슬라를 도와주기 시작했습니다. 얼마 지나지 않아 베슬라는 반려견의 언어가 어떤 기적을 일으킬 수 있는지 보여주는 좋은 예가 되었습니다. 저와 함께 지낸 지 1년 후, 베슬라는 모든 난폭한 행동을 멈추었고 12년이 지난 지금까지 단 한 번도 다른 반려견과 싸우지 않았습니다. 지금도 베슬라는 상대가 아무리 화를 내고 짜증을 부려도 평온한 모습을 유지합니다.

베슬라를 통해 저는 반려견에게 잊어버린 언어를 되찾아 주는 것이 가능하다는 걸 배웠습니다. 그때부터 저는 베슬라가 가르쳐준 교훈을 반려견 교육의 지표로 삼았고 이후로도 같은 방식으로 반려견들을 가르쳐 왔습니다. 반려견의 감정을 눈으로 보고 마음으로 느낄 수 있게 된 후 제 삶은 이전보다 훨씬 더 나아졌습니다. 반려견들과 대화를 나누고 싶어 했던 어릴 적 꿈은 현실이 되었고, 덕분에 저는 더없이 행복한 삶을 살 수 있었습니다.

베슬라, 많은 것을 가르쳐줘서 고맙다. 너는 내 인생을 송두리째 바꾸었단다!

★ 투리드 루가스 TURID RUGAAS

※위의 글은 1996년에 작성되었습니다. 베슬라는 몇 년 후 세상을 떠났습니다.

Pat Goodman
팻 굿맨

스티븐스 칼리지STEPHENS COLLEGE에서 동물학 학위를 받고, 퍼듀대학교PURDUE UNIVERSITY에서 석사 학위를 받았습니다. 1974년부터 '늑대 공원WOLF PARK'의 늑대들을 연구해온 그녀는 늑대들의 행동에 관한 다양한 데이터를 수집하며 「늑대 연구 프로젝트」를 진행 중입니다. 늑대에 대한 무척 인상적인 '에소그램ETHOGRAM(어떤 동물의 행동·양태에 대한 상세한 조사 기록)'을 발전시킨 장본인이기도 합니다.

늑대 무리 안에 존재하는 위계질서는 반려견과 반려견 사이 또는 반려견과 인간 사이에 반드시 있어야 하는 것으로 인식돼 왔습니다. 저는 강압적인 방법을 사용해서 반려견보다 높은 서열을 차지하려고 하는 사람들을 많이 보았습니다. 그런 사람들은 동물을 억압해 반드시 굴복시켜야 한다고 생각합니다. 그런데 여기서 알아야 할 것이 있습니다. 동물을 공격적으로 대하면 난폭함의 정도가 점점 더 심해질 수도 있다는 것입니다. 폭력적이고 강압적인 방법을 동원해 통제하는 것만이 늑대나 반려견을 대하는 유일한 방법은 아닙니다.

투리드는 반려견 훈련사와 반려견 보호자에게, '카밍 시그널'이라고 부르는 반려견의 의사표현을 위한 행동을 이용하면 억압적인 방법을 사용하지 않고도 반려견과 좋은 관계를 만들어 나갈 수 있다는 것을 알려주고 있습니다.

Terry Ryan

테리 라이언

1968년부터 미국에서 활동해온 반려견 훈련사입니다. 남편 빌 테리와 함께 설립한 '레거시 반려견 행동·훈련 센터LEGACY CANINE BEHAVIOR & TRAINING, INC.'에서 반려견을 교육하며 세미나, 워크숍 등도 개최하고 있습니다. 1981년부터 1994년까지 워싱턴주립대WASHINGTON STATE UNIVERSITY 수의과 대학원에서 「인간과 반려동물의 협력관계PEOPLE-PET PARTNERSHIP」란 프로그램을 진행했으며, 미국 애견협회AMERICAN KENNEL CLUB의 심사위원을 맡기도 했습니다. 인도적인 방법으로 반려견을 훈련시키기 위한 미국동물애호협회AMERICAN HUMANE SOCIETY의 자문위원으로 활동하기도 했습니다.

저는 '제6회 동물과 우리'라는 콘퍼런스에서 투리드를 처음 만났습니다. 몬트리올에서 열린 이 콘퍼런스의 주제는 인간과 동물의 관계에 대한 것이었습니다. 조용하고 수줍은 성격의 투리드 루가스는 반려견의 행동에 대해 이야기하는 세션에서 제 앞자리에 앉아 있었습니다. 투리드를 지켜보던 저는 저런 사람은 절대 포커를 해서는 안 된다고 생각했습니다. 연설자가 어떤 말을 하느냐에 따라 자신의 감정이 겉으로 모두 드러났기 때문입니다. 재밌는 점은 투리드가 온몸으로 표출하고 있던 그 감정이 제가 느끼고 있던 것과 똑같았다는 것입니다.

콘퍼런스에 참여하는 주요 목적은 네트워크를 만드는 것입니다. 저는 반려견의 행동에 대해서 저와 너무나도 비슷한 생각을 가지고 있는 그녀와 꼭 대화를 나누고 싶었습니다. 영어를 모국어로 사용하지 않는 투리드가 제 말을 이해하지 못할까봐 걱정이 되었던 저는 결국 하루가 다 지나갈 무렵에야 그녀에게 말을 걸 수 있었습니다. 1992년에 있었던 이 첫 만남 이후 저와 투리드는 많은 시간을 함께 일했습니다. 저는 미국과 해외 곳곳에서 열린 '반려견 행동 · 훈련 캠프'와 여러 세미나에 투리드를 초청했고 그녀는 언제 어디서건 청중의 관심을 사로잡았습니다. 그녀의 푸른 눈과 금발머리는 일본에서 무척 인기를 끌기도 했습니다.

투리드의 농장 '하겐 훈데스콜레HAGAN HUNDESKOLE'는 노르웨이의 아름다운 자연경관이 한눈에 내려다보이는 산꼭대기에 있습니다. 노르웨이 곳곳의 사람들이 반려견을 데리고 기본적인 예

절교육과 행동 교정을 받기 위해 투리드를 찾아옵니다. 저는 그곳에서 투리드가 반려견을 어떻게 다루는지 보고 감탄을 금치 못했습니다. 이 책에 나와 있는 그녀의 이야기엔 한 치의 거짓도 없습니다. 투리드는 반려견의 행동이해에 관해서 둘째가라면 서러운 사람입니다. 아래 인용한 투리드의 글은 '카밍 시그널' 이론의 정수가 무엇인지 잘 보여줍니다.

"반려견은 무리를 지어 사는 동물로서 소통할 때 사용하는 언어를 가지고 있습니다. 반려견의 언어는 몸, 얼굴, 귀, 꼬리, 소리, 움직임, 표정 등을 사용하는 방대한 양의 시그널로 구성되어 있습니다. 반려견은 태어날 때부터 시그널을 사용할 수 있는 능력을 갖고 있는데 이는 살면서 쉽게 사라지기도 하고 더 발달하기도 합니다. 사람이 반려견의 의사소통 시그널을 연구하고 직접 사용한다면 반려견과 더 깊은 대화를 나눌 수 있을 것입니다.

반려견이 사용하는 시그널 중 우리가 가장 관심을 가지고 봐야 할 것이 바로 '카밍 시그널'입니다. 반려견은 카밍 시그널을 사용해 건전한 사회질서를 확립하고 무리 내에 일어날 수 있는 분쟁을 예방합니다. 우리가 이 소통능력을 배운다면 반려견과의 관계에 많은 도움을 받을 수 있을 것입니다. 반려견은 충격을 받거나 두려움을 느끼거나 스트레스를 받으면 자기 스스로를, 그리고 서로를 진정시키는 능력을 갖고 있습니다.

예를 들어 두 반려견이 서로 처음 만난다고 가정해 봅시다. 그 중 불안을 느낀 반려견이 상대 반려견에게 '나는 여기서 네가 대장이라는 것을 알아. 너에게 대들지 않을 거야.'라고 신호를 보낼 수 있습니다. 마찬가지로 대장 반려견은 불안해하는 상대 반려견에게 '걱정 마. 여기 대장은 나고, 나는 너를 괴롭힐 생각이 없어.'라는 의사를 전달할 수 있습니다. 이런 시그널을 제대로 보내지 못하는 반려견은 곤경에 처하게 됩니다."

저는 유럽에 갈 때마다 투리드가 교육하는 것을 보기 위해 그녀의 농장 '하겐 훈데스콜레'를 찾아갑니다. 또 투리드와 함께 유럽과 미국, 일본 등지에서 열리는 여러 세미나에 참석하기도 합니다. 북극권에서 열린 훈련캠프에서도, 제네바에서 개최된 심포지엄에서도, 항상 반려견의 상태를 정확하게 꿰뚫어보던 투리드의 능력은 제게 경이로움 그 자체였습니다.

Hunter Kang
강형욱

반려견훈련사. 중학교 3학년 겨울방학 때부터 반려견 훈련소에 들어가 허드렛일을 하며 훈련사의 꿈을 키웠다. 반려견을 교육하는 것 보다, 사람을 가르치는 것이 더욱 중요하다고 이야기하는 훈련사. 혼내지 않아도, 혼나지 않아도 되는 보듬반려견교육을 하며 가평 전원주택에서 보더 콜리 '다올이', 웰시 코기 '첼시', 진도 믹스견 '바로', 이렇게 세 마리의 반려견과 함께 살고 있다. 현재 반려견교육전문기관인 ㈜보듬컴퍼니의 대표로서 반려견과 보호자가 행복하게 살아가는 데에 힘쓰고 있다.

이 책을 반려견의 문제행동을 고쳐볼 마음으로 읽는 거라면, 아마 곧 후회하게 될 겁니다. 책에서 하라는 대로 했는데도 내 반려견은 아랑곳하지 않고 여전히 하던 행동을 그대로 되풀이 할 수도 있습니다. 하지만 내 반려견의 행동을 이해하고 공감하고 싶어 읽는 거라면 망설임 없이 이 책을 추천합니다.

제겐 꽤나 멋진 반려견 교육 방식을 찾으려고 노력하던 시절이 있었습니다. 어떤 기술을 쓰면 반려견이 짖는 걸 멈추는지, 어떤 소리를 내면 반려견이 즐거워 날뛰는지, 어떤 특별한 간식을 주면 사나운 반려견이 얌전해지는지 알려주는, 그런 마법 같은 기술을 찾아다니던 때 말입니다.

투리드는 노르웨이라는, 내겐 몹시 놀라운 곳을 단 한 번에 이해하게 만들어준 사람이었습니다. 넓은 면적에 적은 인구가 사는 곳, 숲이 많고 이방인에 대해 너그러운 마음을 가진 곳, 평일 저녁 8시까지만 술을 판매하고 치즈버거 세트가 2만 원이어서 항상 크래커에 치즈만 먹어야 했던 곳….

그녀를 만나기 전까지 저는 보호자가 주인이 되어 반려견에게 '명령'을 내리는 교육을, 책상을 책상이라 부르고 의자를 의자라고 부르는 것처럼 단 한 번도 의심해 본 적이 없었습니다. 그런 저에게 투리드가 말하는 '카밍 시그널'과 그녀의 교육방식은 아주 흥미롭게 다가왔습니다. 그러나 그녀를 좋아하고 그녀가 알려주고 싶어 하는 마음에 깊이 공감하면서도, 아직 제 마음속 깊은 곳엔 이런 말이 남아 있습니다.

"투리드, 당신의 나라는 여유롭지 않습니까."

그럼에도 불구하고 제가 확신할 수 있는 것이 하나 있습니다.

"만약 반려견에게 자신의 선생님을 선택할 수 있는 권한을 준다면, 분명 투리드를 선택할 것입니다."

한국어판 서문 • 4

프롤로그 • 6

추천의 글
팻 굿맨 • 12 | 테리 라이언 • 14 | 강형욱 • 20

아름다운 반려견의 언어

01 개에게도 언어가 있다 • 31
02 반려견과 함께 하는 평범한 하루 • 35
03 단 하나의 언어 • 39

Part Two

카밍 시그널의 종류와 사용법

01 고개 돌리기 • 46
02 부드럽게 쳐다보기 • 52
03 등 돌리기 • 56
04 코 핥기 • 66
05 동작 멈추기 • 72
06 천천히 걷기, 느리게 움직이기 • 76
07 앞가슴 내리기 • 82
08 앉기 • 88
09 엎드리기 • 94
10 하품하기 • 100
11 냄새 맡기 • 106
12 돌아가기 • 116
13 끼어들기 • 124
14 꼬리 흔들기 • 132
15 그 외의 시그널 • 138
16 관찰능력을 키우세요 • 144

Part Three

내가 만난, 결코 잊을 수 없는 반려견들

01 피피 • 155
02 버스터 • 159
03 사냥개 • 164
04 사가 • 169
05 티벳탄 마스티프 • 172

Part Four

반려견이 스트레스를 받을 때

스트레스 호르몬이 작용하는 법 • 182

불안해하는 친구 달래는 법 • 186

폭력성은 선천적인 것이 아니다 • 186

진짜 원인은 다른 곳에 • 189

반려견에게 스트레스를 주는 것들 • 194

스트레스를 받고 있다는 신호 • 195

우리가 할 수 있는 것들 • 198

악순환의 고리 끊기 • 200

실제 훈련에서 카밍 시그널 사용하기

허리를 숙이지 마세요 • 207

리드줄을 당기지 마세요 • 209

쉬운 동작을 사용하세요 • 211

반려견을 안정시킬 수 있는 방법들 • 212

반려견이 언어를 잊은 것처럼 보일 때

카밍 시그널을 사용하지 못 하는 경우 • 219

반려견에게 벽이 되어 주세요 • 221

반려견에게 긍정적인 시그널을 주세요 • 222

Part Seven

어린 강아지에게 가장 중요한 두 가지

갓 태어난 강아지들의 경우 • 229
반려견에게도 친구가 필요해요 • 231
처음 만난 반려견들끼리 친해지는 법 • 232

Part Eight

우리 안의 잘못된 믿음

늑대에게 배워야 할 것들 • 239
반려견들의 특권, 퍼피 라이센스 • 243

Part Nine

우리가 선택할 수 있습니다 • 248

에필로그 • 256
참고문헌 • 259
관찰노트 • 260

Calming

Signals

Part One

아름다운 반려견의 언어

01

개에게도 언어가 있다

오랫동안 늑대를 연구한 전문가들은 늑대에게 특별한 능력이 있다고 말합니다. 그 능력이란 바로 무리 중 한 늑대가 공격적인 행동을 취할 때 주변 동료들이 그 행동을 중재하며 보이는 특별한 보디랭귀지입니다. 전문가들은 이 보디랭귀지에 '중단 시그널CUT-OFF SIGNALS'이라는 이름을 붙였습니다. 그러나 전문가들은 개에게는 이런 특별한 보디랭귀지가 없다고 생각했습니다(마이클 팍스MICHAEL FOX,『늑대 및 개와 개과 동물의 행동BEHAVIOR OF WOLVES, DOGS AND RELATED CANIDS』).

하지만 이는 사실이 아닙니다. 개도 늑대와 마찬가지로 갈등을 해결하는 사회적 능력을 가지고 있으며 차이라고 한다면 개의 보디랭귀지는 늑대만큼 강하지 않다는 것뿐입니다. 이렇게 차이가 나는 이유는 늑대와 개가 살아가는 환경이 서로 다르기 때문일 것입니다. 우리가 흔히 말하는 개들, 즉 인간에게 길들여진 반려견의 보디랭귀지는 늑대의 그것에 비해 쉽게 눈에 띄지 않습니다. 왜냐하면 반려견은 자연 속에 사는 늑대처럼 항상 위험에 노출되어 있지도 않고 자신의 의사를 강하게 표현해야 할 필요도 없기 때문입니다.

저는 반려견의 이 보디랭귀지에 '카밍 시그널CALMING SIGNAL'이라는 이름을 붙였습니다. 늑대가 상대방의 공격적인 행동을 중단시키기 위해 '중단 시그널'을 사용한다면, 반려견의 행동은 예방의 차원에 가까웠기에 상대방을 진정시킨다는 의미의 '카밍CALMING'이란 표현을 선택한 것입니다. 반려견은 나쁜 일을

소통하며 서로 안심시키고 있는 반려견의 모습

예방하거나, 긴장과 공포를 불러일으키는 것(무섭게 생긴 사람이나 다른 반려견)들로부터 도망치고 싶을 때 카밍 시그널을 사용합니다. 또한 스트레스를 받거나 불안을 느낄 때 자신을 진정시키기 위해서, 자신에게 나쁜 의도가 없다는 것을 다른 반려견에게 인식시키기 위해서 그리고 다른 반려견이나 사람들과 친해지기 위해서도 이 시그널을 사용합니다.

늑대와 반려견은 모두 분쟁을 피하려고 노력하는 동물입니다. 분쟁이 일어나면 해결하기 위해 최선을 다합니다. 그러므로 인간의 잘못으로 인해 다른 반려견과 소통하는 방법을 잊어버렸거나 그 방법을 배울 기회가 없었던 게 아니라면 모든 반려견은 카밍 시그널로 서로 소통하고 다툼을 피할 수 있습니다. 만약 반려견이 난폭한 모습을 보인다면 그것은 인간의 잘못에서 기인하는 경우가 대부분입니다.

이 책에서는 반려견의 카밍 시그널을 자세히 살펴보고 이런 시그널이 평소에 어떤 모습으로 나타나는지, 그리고 반려견이 그것을 어떻게 사용하는지 알아볼 것입니다. 이 책을 읽는 독자는 반려견을 다루고 훈련시키는 능력이 높아질 것이며 반려견과 함께 더 풍성한 삶을 누릴 수 있을 것입니다. 더 나아가 이 책은 독자 여러분이 반려견에게 더 좋은 '보호자'가 될 수 있도록 도움을 드릴 것입니다.

02

반려견과 함께 하는 평범한 하루

반려견과 함께하는 평범한 일상을 떠올려 보겠습니다.

월요일 아침, 한 반려견 보호자가 힘들게 잠에서 깨어나 옆에 누워있는 반려견을 발견합니다. 보호자는 짜증 섞인 목소리로 반려견을 쫓아내고 반려견은 그런 보호자를 슬쩍 흘겨보고는 재빨리 자기 코를 핥습니다. 세수를 하고 이를 닦은 보호자가 문으로 향합니다. 산책하러 나갈 생각에 잔뜩 들뜬 반려견은 정신없이 보호

자에게 달려듭니다. 화가 난 보호자가 명령조로 "앉아!"하고 소리 치자 반려견은 하품을 하고 그 자리에 앉습니다.

자, 이제 목줄을 채우고 문을 나섰습니다. 반려견은 쏜살같이 앞으로 달려 나가고 보호자는 할 수 없이 목줄을 당깁니다. 그러자 반려견은 보호자에게 등을 돌린 채 땅에 코를 박고 킁킁거리며 냄새를 맡기 시작합니다.

공원에 도착한 보호자가 반려견을 풀어줍니다. 얼마 후 집에 돌아가야 할 시간이 되자 보호자는 반려견에게 돌아오라고 외칩니다. 그런데 목소리에 짜증이 섞여 있던 탓일까요? 반려견은 보호자를 향해 느릿느릿 다가오는 것도 모자라 아예 빙 돌아서 오기 시작합니다. 보호자는 반려견이 일부러 자기 말을 안 듣는다는 생각에 짜증이 나서 버럭 소리를 지릅니다. 그러자 반려견은 킁킁 땅 냄새를 맡고 보호자의 시선을 피하며 더 크게 빙 돌아옵니다. 반려견이 도착하자 몹시 화가 난 보호자는 반려견을 다그치고 심한 경우엔 목줄을 잡고 이리저리 흔들기도 합니다. 반려견은 계속 고개를 돌려 보호자의 시선을 피하며 연신 코를 핥거나 하품을 해댑니다.

이 이야기는 아침 시간에 잠시 일어난 일일뿐이지만 실제로는 하루 종일 이럴 수도 있습니다. 반려견은 보호자가 화를 낼 때마다 시그널을 보내 그를 진정시키려고 했을 것입니다. 반려견은 상황이 악화될 때마다 즉시 카밍 시그널을 사용하며 잠자는 시간을 제외하곤 언제나 이 시그널을 통해 사람과 대화를 시도합니다.
이러한 시그널은 그 속도가 너무 빨라 놓치기 쉽습니다. 하지만 반려견을 관찰하는 연습을 통해 여러분도 어렵지 않게 시그널을 포착할 수 있습니다. 고양이 같은 다른 동물도 반려견의 시그널을 이해할 수 있습니다. 어떤 몸동작을 눈여겨봐야 하는지 파악하고 꾸준히 연습하면 됩니다.

03

단 하나의 언어

이런 시그널을 사용하는 다른 개과科 동물에는 늑대가 있습니다. 개는 늑대로부터 시그널을 물려받았으며 크기, 색깔, 생김새에 상관없이 모든 개가 시그널을 사용합니다. 모든 견종이 말이죠.

인류가 하나의 공통된 언어를 사용한다고 가정합시다. 그렇다면 우리는 어디로 여행을 가도 소통에 전혀 지장이 없을 것입니다. 얼마나 좋을까요! 그런데 필자가 미국, 영국, 일본 등 세계 곳곳을 다녀 보니 반려견이야말로 사는 지역에 상관 없이 똑같은 공통 언어를 사용하고 있었습니다. 그 어떤 반려견과도 소통할 수 있는, 참으로 실용적이고 아름다운 그들만의 언어라 하지 않을 수 없습니다.
물론 견종의 특성에 따라 특정 시그널을 더 많이 사용하는 경우는 있습니다. 예컨대 털이 검은 반려견은 그렇지 않은 반려견에 비해 얼굴 표정보다 혀를 더 많이 사용합니다. 그래도 다른 반려견이나 사람이 보내는 시그널을 이해하는 데는 전혀 어려움이 없습니다.

반려견과 늑대는 분쟁을 해결하고, 다른 대상과 소통 · 협력하려는 본능이 아주 강합니다. 하지만 반려견이 사용하는 시그널에는 분쟁을 해결하는 용도의 시그널뿐만 아니라 반대로 상대에게 위협을 주는 시그널도 있습니다. 그렇기 때문에 반려견을 대할 때 어떤 시그널을 보낼 것인지 잘 선택해야 합니다. 우리는 반려견에게 '두려워하지 않아도 돼.'라는 시그널을 보낼 수 있지만 정반대로 반려견이 위협으로 받아들

일 수 있는 시그널을 보낼 수도 있습니다. 그리고 이런 시그널은 우리와 반려견의 관계에 많은 영향을 줍니다. 우리가 반려견에게 의도치 않게 위협적인 시그널을 보낸다면 반려견은 카밍 시그널을 사용해 우리의 화를 가라앉히려 노력할 것입니다. 반려견은 항상 눈앞에 위협적인 요소가 보이면 이를 가라앉혀 분쟁을 해결하려고 노력하기 때문입니다.

카메라를 갖다 대면 많은 반려견이 코를 핥습니다.

반려견이 사용하는 시그널은 제가 아는 것만 해도 최소한 30가지가 있습니다. 특정 상황에서만 사용되는 시그널도 있고 속도가 너무 빨라 포착하기 힘든 시그널도 있습니다. 이런 시그널을 알아차리기 위해서는 경험이 많아야 합니다. 경험을 충분히 쌓는다면 아무리 순식간에 나타나는 시그널이라도 모두 포착할 수 있습니다. 그리고 이를 통해 반려견의 기분과 행동을 이해할 수 있게 됩니다. 이것이야말로 우리 모두가 진정으로 원하는 것이 아닐까요?

한 나라의 위대함과 도덕성은
그 나라의 동물이
어떤 대우를 받는지를 보면
알 수 있다.

나는 나약한 동물일수록
인간의 잔인함으로부터
더욱 철저히 보호되어야만 한다고
생각한다.

—

마하트마 간디

Calming

Signals

Part Two

카밍 시그널의 종류와 사용법

Calming Signals 01

Head Turning

01

고개 돌리기

고개 돌리기 시그널이란 고개를 옆 또는 뒤로 돌리거나, 돌린 상태에서 잠깐 동안 가만히 있는 행동입니다. 이 시그널은 순식간에 사라질 수 있으며 아주 살짝 돌리는 것부터 고개를 돌리고 몇 초간 가만히 있는 것까지 다양한 모습으로 나타날 수 있습니다. 자신에게 다가오는 반려견에게 진정하라는 의미에서 고개를 돌릴 수도 있고, 다른 반려견이 흥분해서 너무 빨리 접근하거나 곡선을 그리지 않고 너무 정면으로 다가올 때도 이 시그널을 사용할 수 있습니다. 반려견은 사람이 자신을 향해 몸을 숙이는 것을 싫어하고 불편해하기 때문에 이 경우에도 고개를 돌릴 수 있습니다.

예의 바른 반려견들이네요!
싸우지 않기 위해 카밍 시그널을 사용하고 있습니다.

고개를 돌려 시선을 피하는 모습

보통 한 반려견이 고개를 돌리면 상대 반려견도 같은 행동을 보입니다.

반려견에게 다가갈 때, 반려견이 겁을 먹고 고개를 돌린다면 우리도 고개 돌리기 시그널을 사용할 수 있습니다. 반려견이 우리를 향해 짖거나 으르렁거릴 때도 걸음을 멈추고 고개를 옆으로 돌리면 반려견을 진정시키는 데 도움이 됩니다.

이런 친구들도 있어요

두 마리의 반려견이 만날 때를 살펴보면, 서로에게 다가가기 전 각자 1초 정도 고개를 돌린 후 서로를 반갑게 맞이하는 모습을 볼 수 있습니다.

제 반려견 '사가'는 카메라로 자신을 찍으려고 하면 무서워하는 경향이 있습니다. 사진기를 가져다 대면 사가는 고개를 돌려 다른 곳을 보다 카메라가 없어지면 그제야 저를 쳐다봅니다.

사진을 찍으려고 할 때 반려견이 고개를 돌린 적이 있나요? 사진을 별로 찍고 싶지 않다는 메시지입니다.

Calming Signals 02

Softening the eyes

02

부드럽게 쳐다보기

부드럽게 쳐다보기 시그널이란 눈꺼풀을 살짝 닫은 상태에서 눈을 게슴츠레하게 뜬 후 위협적이지 않은 눈길로 부드럽게 쳐다보는 행동입니다. 다른 반려견을 쳐다볼 때, 상대 반려견이 자신의 눈빛에서 위협을 느끼지 않게 하려고 이 시그널을 사용합니다.

반려견은 누가 자기 앞에 앉아 같은 눈높이에서 똑바로 응시

눈을 작게 떠서 자신에게 나쁜 의도가 없음을 표현하고 있습니다.

하는 것을 싫어합니다. 만약 우리가 그렇게 행동했을 때 반려견이 무서워하는 것처럼 보인다면 그 자리에서 일어나 위에서 내려다보세요. 반려견의 입장에서는 사람의 눈이 더 작아 보이기 때문에 눈빛이 부드러워졌다고 느낄 수 있습니다.

대부분의 반려견은 누군가와 얼굴을 맞대고 눈을 마주치는 것을 좋아하지 않습니다. 반려견에게 '보호자와 눈 마주치기'를 가르칠 때, 사람도 눈을 게슴츠레하게 떠서 조금 더 부드럽고 친근한 눈빛을 보내는 것이 좋습니다.

눈을 작게 뜨고 상대방을 직접 응시하지 않는 예의 바른 모습

Calming Signals 03

Turning away

03

등 돌리기

등을 옆이나 뒤로 돌리는 행동은 아주 강한 카밍 시그널입니다. 가령 여러 마리의 반려견이 함께 노는 도중 놀이의 수위가 점점 거칠어지면 그중 몇 마리가 갑자기 등을 옆이나 뒤로 돌리는 경우가 있습니다. 이는 거칠어진 놀이의 수위를 조금만 낮추자는 카밍 시그널입니다.

다른 반려견이 자신을 향해 으르렁거리거나 너무 빨리 다가

오른편에 앉아있는 보더 콜리BORDER COLLIE '다올이'가 카밍 시그널을 보내지만 왼쪽 반려견은 아직 겁을 내고 있습니다. 왼쪽 반려견은 조금이라도 더 거리를 벌리기 위해 고개를 돌리고 위협감을 낮추려 하고 있습니다.

오는 등 어떤 식으로든 위협을 느끼면 반려견들은 이 시그널을 사용합니다. 그리고 보호자가 화난 표정을 짓거나 목소리에 짜증이 섞여 있을 때도 이 시그널이 나타납니다. 어린 강아지가 귀찮게 할 때 이를 진정시키기 위해 등을 돌리는 노견의 모습도 쉽게 볼 수 있습니다. 또 보호자가 신경질적으로 목줄을 잡아당길 때도 등을 돌리곤 하는데 이럴 경우 반려견의 이 같은 행동으로 인해 목줄이 더 당겨질 수도 있습니다.

반려견이 여러분을 보고 불안해 하거나 공격적인 모습을 보인다면 등 돌리기 시그널을 사용해 보세요. 여러분을 향해 달려들다가도 등을 돌리면 대부분 행동을 멈출 것입니다.

보더 콜리 '지용'(왼쪽)이 무례하게 다가오는 진도 믹스견 '바로'를 피해 고개를 돌리고 있습니다.

아래 사진을 보면 왼쪽의 웰시 코기WELSH CORGI 가 흥분한 진도 믹스견 앞에서 머리를 돌리고 몸을 옆으로 튼 다음 마지막에는 완전히 등을 돌립니다. 등을 완전히 돌리자 상대 반려견도 조금 전보다 훨씬 안정된 모습을 찾았습니다.

반려견은 위협적인 상황을 피하기 위해 등을 돌리고는 합니다.

반려견이 여러분을 향해 뛰어오른다면 등을 돌려보세요. 계속해서 등을 돌린다면 반려견은 그것을 아주 강한 시그널로 받아들일 것입니다.

반려견은 종종 다른 반려견을 모른 척합니다. 이는 그 반려견에게 위협을 느끼고 있기 때문입니다.

🐾 점프를 하려던 스피츠SPITZ가 남자의 자세에 위협을 느끼고는 고개를 돌리고 있습니다.

🐾 흰색 반려견이 자신을 향해 직선으로 다가오는 다른 반려견을 발견했습니다. 그러자 상대방의 무례함을 지적하듯 가만히 서서 고개를 돌립니다.

반려견 '첼시'에게 가슴줄을 매려하자 등을 돌리고 코를 핥으며 불편해 합니다.

사진 속의 반려견들은 각자 거리를 두고 카밍 시그널을 사용하여 서로 안심시키려 하고 있습니다.

만약 반려견이 여러분을 보고 지나치게 뛰어오르거나 귀찮게 한다면 등을 돌려보세요. 그러면 대부분의 반려견은 흥분을 가라앉힐 것입니다. 또한 처음 보는 반려견을 향해 다가갈 때 그 반려견이 여러분을 보고 불안해한다면 등을 돌리세요. 조금 후엔 반려견이 여러분에게 다가올 것입니다.

이런 친구들도 있어요

'지노'라는 이름의 도베르만 핀셔DOBERMANN PINSCHER가 있었습니다. 어느 날 어린 남자아이들이 귀찮게 굴자 지노는 기분이 나빠졌습니다. 지노의 보호자는 아이들에게 몸을 돌려 지노를 등지라고 했습니다. 아이들이 그대로 하자 지노는 아이들에게 다가갔고 그렇게 지노와 아이들은 금세 친구가 되었습니다.

Calming Signals 04

Licking the nose

04

코 핥기

반려견이 재빨리 코를 핥는 모습을 보신 적이 있을 겁니다. 속도가 너무 빨라 카밍 시그널로 보기 어렵다고 생각할 수도 있습니다.

반려견은 다른 반려견이 자신에게 접근할 때나 사람이 자신을 향해 고개를 숙일 때 혹은 손으로 꽉 잡는다거나 화난 목소리로 말할 때, 코 핥기 시그널을 사용할 수 있습니다. 물론 인간은 이 시그널을 사용할 수 없습니다. 제 생각엔, 사람이 코 핥기를 따라 하면 굉장히 우스꽝스러울 겁니다.

사진 속의 반려견이 코를 핥고 있는 데는 여러 이유가 있을 수 있습니다. 자신을 향한 카메라를 보고 놀란 나머지 스스로를 진정시키기 위한 것일 수도 있고 화면 바깥에 있는 다른 반려견을 진정시키기 위한 것일 수도 있습니다.

가까운 곳에서 여러 사람이 손을 움직이자 반려견 '첼시'가 많이 불편해 합니다.

혀를 재빨리 움직이는 것만으로도 마음을 안정시키는 효과가 있을 수 있습니다.

반려견을 향해 너무 직선으로 접근하거나 손을 짝 벌리는 행동은
반려견을 불편하게 할 수 있습니다.

이런 친구들도 있어요

반려견 '록키'는 멀리서 자신을 향해 다가오고 있는 다른 반려견을 발견하자 그 자리에 멈춰 서서 고개를 돌리고 몇 번씩이나 코를 핥았습니다.

제가 '베슬라'의 귀를 닦아 주기 위해 허리를 굽히자 베슬라는 고개를 돌리고 코를 핥았습니다.

수의사가 '울라'를 테이블 위에 앉히기 위해 고개를 숙이며 손으로 잡으려 하자 울라는 자신의 불편함을 표현하기 위해 코를 핥았습니다.

Calming Signals 05

Freezing

05

동작 멈추기

반려견들은 자신보다 큰 반려견이 너무 가까이 다가오거나 자신의 냄새를 맡으려고 하면 그 자리에서 동작을 멈추고 꼼짝하지 않기도 합니다.

이런 친구들도 있어요

'로리'라는 이름의 휘핏WHIPPET은 아주 큰 저먼 셰퍼드가 다가와 자신의 냄새를 맡기 시작하자 그 자리에 꼼짝하지 않고 서 있다가 셰퍼드가 다른 희생양을 찾아 떠난 후에야 비로소 움직이기 시작했습니다.

한 반려견이 보호자로부터 복종훈련을 받고 있었습니다. 보호자가 시키는 대로 엎드려 있던 반려견은 멀리서 자신을 향해 다가오는 반려견을 발견하자 인사를 나누기 위해 자리에서 일어났습니다. 그 모습을 본 보호자는 잔뜩 화가 나 크게 소리를 질렀습니다. 그러자 반려견은 주인을 진정시켜야 한다는 생각에 그 자리에 서서 옴짝달싹하지 않았습니다. 주인은 반려견이 고집스럽다며 더욱 화를 냈습니다.

한 훈련사가 대회에 출전할 목적으로 어린 반려견 한 마리를 구했습니다. 야심에 찬 훈련사는 우승을 목표로 삼고 열심히 반려견을 훈련시켰습니다. 그러던 어느 날 훈련사가 반려견을 부르는데도 반려견은 그 자리에 서서 꼼짝 하지 않았습니다.

오른편의 보더 콜리 '지용'이 가만히 서서 상대 반려견에게 자신을 무서워할 필요가 없다는 메시지를 훌륭히 전달하고 있습니다.

Calming Signals 06

Walking slowly

06

천천히 걷기, 느리게 움직이기

평소보다 천천히 행동하거나 심지어 가만히 있는 것처럼 보일 만큼 느리게 움직이는 것은 강한 카밍 시그널입니다.

다른 반려견을 발견했을 때 이런 시그널이 나올 수 있습니다. 다른 반려견이 시야에 들어오면 반려견들은 천천히 행동합니다. 우리가 짜증 섞인 목소리나 명령조로 부를 때도 반려견들은 이 시그널을 사용할 수 있습니다. 주위가 너무 산만해서 불안을 느끼는 경우에도 마찬가지입니다. 우리가 반려견을 더 빨리 뛰게 하려고 손을 이리저리 휘젓고 방방 뛰며 목청껏 소리를 지르면 반려견은 오히려 더 천천히 움직입니다. 우리를 진정시키기 위해서 말입니다.

만약 어떤 반려견이 우리를 보고 겁을 먹는다면 우리도 천천히 움직이는 것으로 카밍 시그널을 보낼 수 있습니다. 만약 반려견에게 가슴줄을 채우고 싶다면 천천히 다가가 보세요. 그러면 반려견이 가만히 있을 확률이 높아질 것입니다.

이런 친구들도 있어요

보더 콜리 '시바'는 어질리티 코스에서 연습하던 중 점점 더 천천히 움직이기 시작했습니다. 보호자가 이리저리 방방 뛰어다니고 손을 흔들며 움직이게 만들려 노력했지만 시바는 움직이지 않았습니다. 흥분해서 뛰어다니는 보호자를 안정시키기 위해 카밍 시그널을 보냈던 것입니다.

'캔디'라는 반려견이 보호자와 함께 공원에서 놀고 있었습니다. 보호자가 이제 그만 가자고 캔디를 불렀을 때, 캔디와 보호자 사이에는 여러 명의 사람들이 있었습니다. 캔디는 아주 느린 걸음으로 사람들 사이를 지나 보호자에게 다가왔습니다.

보호자가 차가운 목소리로 앉으라고 말하자 그가 화가 났다고 생각한 반려견은 그의 기분을 풀어주기 위해 천천히 앉았습니다.

Calming Signals 07

Play Bow

07

앞가슴 내리기

반려견이 앞가슴을 내리면 같이 놀자는 신호일 수 있습니다. 특히 활발하게 이쪽저쪽으로 뛰며 앞가슴을 내리는 경우엔 놀고 싶다는 뜻입니다. 그러나 가만히 서 있다가 앞가슴을 내릴 땐 카밍 시그널일 가능성이 큽니다.

친구가 되고 싶은 반려견을 만났는데 그 반려견이 무서워하는 기색을 보일 때도 이 시그널을 사용할 수 있습니다. 말이

🐾 어린이들과 함께 있는 것이 힘들었던 보더 콜리 '다올이'가 앞가슴을 내려 긴장을 풀고 있습니다.

나 소처럼 다른 동물을 만나 어떤 행동을 해야 하는지 정확히 알 수 없을 때도 마찬가지입니다.

우리도 팔을 아래로 뻗어 이와 비슷한 시그널을 사용할 수 있습니다. 팔과 가슴을 아래로 내리고 하품을 하듯이 기지개를 켜면 됩니다.

견종이 다르더라도 서로의 시그널을 이해할 수 있습니다.

이런 친구들도 있어요

'베슬라'는 '버스터'라는 세인트 버나드SAINT BERNARD가 자신을 보고 무서워하지 않길 바랐습니다. 그래서 버스터를 향해 천천히 다가간 뒤 고개를 이쪽저쪽으로 돌리고 어느 정도 거리가 있을 때 멈춰 선 다음 앞가슴을 내리며 같이 놀자는 자세를 취했습니다. 베슬라는 버스터가 자신을 더 이상 무서워하지 않을 때까지 몇 초간 같은 자리에 가만히 서 있었습니다. 이내 버스터도 베슬라와 똑같은 자세를 하고 놀자는 신호를 보냈습니다.

'핍'이라는 작은 치와와CHIHUAHUA가 있었습니다. 핍은 자신보다 큰 반려견을 무서워했습니다. 어느 날 '사가'가 다가가자 핍은 가슴을 내려 사가가 예의 바르고 착한 반려견인지 확인

상대견과 같이 놀고 싶을 때도 앞가슴을 내릴 수 있지만, 오른편의 스피츠 '깨비'는 다투지 않기 위해 앞가슴을 내리고 고개를 돌린 다음 동작을 멈춘 채 가만히 서 있습니다. 이는 분명한 카밍 시그널입니다.

하려고 했습니다. 사가 역시 고개를 돌리고 천천히 빙 돌아 핍에게 다가갔습니다.

골든 리트리버가 자신을 보고 무서워하자 로트와일러ROTTWEILER 종인 '프린스'는 앞가슴을 내렸습니다. 프린스는 그렇게 몇 분 동안 동작을 멈춘 채 상대 반려견에게 무서워하지 않아도 된다는 신호를 보냈습니다.

Calming Signals 08

Sitting down

08

앉기

반려견이 사람 앞에 앉은 상태로 등을 돌리거나 다른 반려견이 접근하는 것을 보고 그 자리에 앉는다면 그것은 카밍 시그널입니다.
다른 반려견 때문에 불안하거나 보호자가 큰 소리로 부를 때도 사용할 수 있습니다.

사진 속의 반려견들은 보호자뿐만 아니라 서로에게도 카밍 시그널을 보내고 있습니다.

드러눕는 것은 더욱 강력한 카밍 시그널입니다.

우리도 이 시그널을 사용할 수 있습니다. 반려견이 스트레스를 받거나 불안해한다면 자리에 앉아 보세요. 그리고 손님이 방문했을 때 반려견이 무서워한다면 손님에게 자리에 앉으라고 해보세요.

이런 친구들도 있어요

'로스코'라는 저먼 셰퍼드는 보호자가 명령할 때마다 등을 돌리고 앉았습니다. 명령을 내리는 보호자의 목소리에 문제가 있었던 것입니다. 로스코는 보호자의 강한 목소리를 불편해 했습니다. 저의 조언에 따라 보호자가 평상시 사용하는 목소리로 명령을 내리자 로스코는 순순히 보호자에게 다가왔습니다.

어느 날 제가 '사가'와 함께 밖으로 나왔을 때, 갑자기 맞은편에서 반려견 두 마리가 무섭게 짖으며 달려오기 시작했습니다. 사가는 평소 표정을 사용하는 카밍 시그널을 주로

썼지만, 심각한 상황이 발생하자 자신의 기분을 조금 더 분명하게 전하려 했습니다. 사가는 자신을 향해 달려오는 반려견들 앞에 그대로 주저앉아 버렸습니다. 달려오던 반려견들도 이런 사가의 모습에 즉시 속도를 늦추고 더는 짖지 않았습니다. 그리고는 사가 곁에 다가와 땅 냄새만 맡았습니다. 사가는 다른 반려견과 싸우는 법이 없습니다. 어떤 문제든 정확한 해결책을 알고 있기 때문입니다.

Calming Signals 09

Down

09

엎드리기

배를 위로 하고 드러눕는 행위는 복종의 신호입니다. 하지만 배를 땅에 대고 엎드리는 것은 카밍 시그널입니다.

제게는 여러 마리의 반려견이 있는데 그중 '울라'는 서열이 높은 편이었습니다. 엎드리기는 울라처럼 서열이 높은 반려견들이 자주 사용하는 아주 강력한 시그널입니다. 어린 반려견들끼리 너무 거칠게 놀 때 사용할 수도 있고 어른 반려견이 자신을 무서워하는 강아지를 안심시킬 때도 사용할 수 있

왼쪽에서 비글BEAGLE이 다가오자 반대편에 있던 웰시 코기가 납작 엎드려 강한 카밍 시그널을 보내고 있습니다.

습니다. 같이 놀다 너무 피곤하면 상대 반려견을 진정시키기 위해 사용하기도 합니다.

우리도 반려견이 스트레스를 받고 있거나 반려견의 주의를 끌어야 할 때 이 시그널을 사용할 수 있습니다. 만약 여러분을 너무 무서워하는 반려견이 있다면 소파 같은 곳에 엎드려 보세요. 대부분의 경우 반려견이 금세 다가올 것입니다.

반려견 '첼시'는 같은 공간에서 들리는 청소기 소리가 무서운 것 같습니다. 이 상황이 불편하다는 것을 전하기 위해 엎드려 있습니다.

이런 친구들도 있어요

훈련장에서 뛰어놀고 있던 반려견 중 몇 마리가 지나치게 흥분하기 시작했습니다. 이를 본 '울라'는 훈련장 한가운데로 걸어가 마치 스핑크스처럼 엎드렸습니다. 그러자 흥분했던 반려견들도 울라의 시그널을 인식하기 시작했고 몇 분 뒤 다들 흥분을 가라앉히고 울라 곁에 와서 누웠습니다.

'사가'를 보고 너무 무서워서 다가오지 못하는 반려견이 있었습니다. 이 모습을 본 사가는 그 자리에 엎드렸습니다. 사가가 이렇게 안심하라는 시그널을 보내자 조금 전까지 겁에 질려 있던 반려견은 용기를 내어 사가에게 다가왔습니다.

어른 반려견을 장난감처럼 여기며 괴롭히던 다섯 마리의 어린 강아지들이 있었습니다. 처음에는 잘 참던 어른 반려견이 강아지들의 장난이 심해지자 그 자리에 엎드렸습니다. 강아지들은 즉시 그 신호를 이해했고 어른 반려견을 뒤로한 채 자기들끼리 놀기 시작했습니다. 한참을 놀던 강아지들은 어른 반려견이 일어서자 다시 와서 괴롭히기 시작했습니다.

Calming Signals 10

Yawning

10

하품하기

하품은 카밍 시그널 중 가장 흥미롭고 우리도 즐겁게 사용할 수 있는 시그널입니다. 반려견들은 수술받기 전이나, 집에서 누가 다툴 때 또는 사람이 자신을 너무 세게 안을 때나 어린 아이가 안으려고 할 때 등 여러 가지 상황에서 이 시그널을 사용합니다.

'하미'가 계속 하품을 하고 있습니다. 하품을 완전히 하지 않고 입을 여는 것만으로도 충분한 카밍 시그널이 될 수 있습니다.

하품은 전염된다는 말이 있듯이 한 반려견이 하품을 하면 주위에 있는 반려견도 똑같이 하품을 하며 카밍 시그널을 보냅니다.

우리도 반려견이 불안해하거나 공포를 느낄 때, 스트레스를 받거나 표정이 어두울 때 그리고 반려견의 흥분을 가라앉히고 싶을 때 하품하기 카밍 시그널을 사용할 수 있습니다.

하품은 아주 재미있는 시그널입니다.

이런 친구들도 있어요

누가 달리고 있거나 노는 모습을 보면 쉽게 흥분하는 '울라'는 저와 놀 때도 가끔 흥분을 해서 제 바짓가랑이를 물기도 합니다. 울라가 흥분한 모습을 보이면 저는 가만히 서서 가볍게 하품을 합니다. 그러면 울라는 금세 진정됩니다.

어느 날, 저의 집에서 의뢰인 한 분을 교육하고 있을 때 제 동료인 스톨라가 찾아왔습니다. 너무 쉽게 겁을 먹는 게 문제였던 의뢰인의 반려견은 스톨라를 보자마자 금세 겁을 먹었습니다. 제자리에 가만히 서서 몇 번이고 하품을 하던 반려견은 스톨라를 보며 하품을 한 뒤 다시 저를 쳐다보았습니다. 저 역시 반려견을 향해 하품을 했습니다. 몇 분이 지나자 조금 전까지 겁에 질려있던 반려견은 더 이상 저와 스톨라를 무서워하지 않고 금세 저희에게 다가왔습니다.

어느 날 저녁, '캔디'가 불안해하며 스트레스를 받자 캔디의 보호자는 자리에 앉아 계속 하품을 했습니다. 불안해하며 주위를 맴돌던 캔디는 그제야 보호자의 발아래 누워 진정하기 시작했습니다.

작은 몸집의 '실라'는 보호자의 사랑을 듬뿍 받고 자랐습니다. 어느 날 보호자가 실라를 허벅지 위에 올려놓고 안아주었습니다. 대부분의 반려견은 그런 비좁은 환경을 불편해합니다. 허벅지 위에 앉혀진 실라 역시 연달아 하품을 해댔습니다.

Calming Signals 11

Sniffing

11

냄새 맡기

반려견이 재빨리 땅의 냄새를 맡고 다시 머리를 드는 행동은 냄새 맡기라는 카밍 시그널입니다. 땅에 코를 박고 불편한 상황이 끝날 때까지 선 채로 가만히 기다리기도 합니다. 그러나 냄새를 맡는 행동이 반드시 카밍 시그널이란 법은 없으므로 반려견이 왜 냄새를 맡는지 알기 위해서는 전체적인 상황을 보아야 합니다.

반려견은 다른 반려견이 접근해 올 때도 땅 냄새를 맡을 수 있고 누군가 직선으로 다가오거나 너무 가까이 다가오는 등 돌발 상황이 생겼을 때도 냄새를 맡을 수 있습니다. 산책하는 도중 맞은편에서 누군가 큰 모자 같은 것을 쓰고 다가올 때도, 반려견을 부르는 보호자의 목소리에 짜증이 섞여 있거나 명령조일 때도 그리고 우리가 반려견을 너무 부담스럽게 쳐다볼 때도 반려견들은 땅 냄새를 맡을 수 있습니다.

왼쪽의 시바 이누SHIBA INU가 몸을 돌려 반대편 골든 리트리버에게 자신의 옆모습을 보이며 땅 냄새를 맡고 있습니다. 이것은 싸울 의도가 전혀 없다는 카밍 시그널입니다.

'럭키'와 '블랑이'가 냄새를 맡으며 서로 대화하고 있습니다.

왼쪽의 보더 콜리가 카밍 시그널을 보내자 상대 반려견 역시 냄새 맡기와 등 돌리기 시그널을 사용해 대답하고 있습니다.

🐾 왼편의 스피츠가 엎드려서 고개 돌리기 시그널을 보내자 오른편의 말티즈MALTESE도 엎드려서 상대 반려견을 안심시키기 위해 노력하고 있습니다.

🐾 스피츠가 앞가슴을 내리고 가만히 있자 말티즈는 냄새 맡기 시그널로 대답했고 두 반려견은 고개를 살짝 돌리며 더욱 분명한 카밍 시그널을 주고받습니다.

🐾 상대 반려견이 충분히 안심했다고 생각한 오른편의 말티즈가 앞가슴을 내리며 놀자는 신호를 보냈고 둘은 곧 함께 놀기 시작했습니다.

냄새 맡기는 사람이 흉내 내기 어려운 카밍 시그널입니다. 연습하기도 어렵습니다. 하지만 시늉은 할 수 있습니다. 자리에 앉은 다음, 손으로 가까이 있는 풀을 만지작거리거나 바닥에 있는 뭔가를 살펴보면 됩니다.

이런 친구들도 있어요

한 의뢰인이 '킹'이라는 아주 난폭한 반려견을 데리고 저를 찾아왔습니다. 그 의뢰인은 저의 집 앞에 도착한 후에도 킹이 다른 반려견을 물어 죽이기라도 할까봐 차 밖으로 나오지 못하게 했습니다. '베슬라'를 데리고 차 가까이 다가간 저는 킹의 보호자에게 리드줄을 잘 잡은 상태에서 킹을 차 밖으로 나오게 해달라고 부탁했습니다. 문이 열리자마자 금색 털을 한 작은 체구의 믹스견이 입에 거품을 물고 이빨을 드러내며 차에서 내렸습니다. 있는 힘껏 짖어대고 있는 모습은 정말 무서웠습니다. 차와의 거리가 몇 미터 정도밖에 되지 않는 상태에서 킹이 쏜살같이 뛰어내려 오자 베슬라는 그대로 땅에 코를 박고는 고개를 들지 않았습니다. 그래도 킹은 계속 으르렁거리며 폭군행세를 했습니다. 땅 냄새를 맡고 있던 베슬라는 마치 결심이라도 한 듯 직선으로 킹의 바로 앞까지 다가갔습니다. 그러자 킹은 바람 빠진 풍선처럼 금세 얌전해졌습니다. 10분 뒤, 킹은 훈련장에서 다른 일곱 마리의 반려견과 함께 즐겁게 놀 수 있었습니다.

어느 날 '울라'와 함께 산책을 하고 있는데 한 남자가 다가왔습니다. 남자의 손에는 리드줄이 들려 있었고 줄 끝에는 목청껏 짖고 있는 작은 반려견이 있었습니다. 울라는 길 한편으로 가더니 땅 냄새를 맡기 시작했고 남자와 반려견이 지나가는 동안 고개를 들지 않았습니다.

공원에서 놀고 있던 '캔디'는 보호자가 자신의 이름을 부르자 신나게 달려갔습니다. 그런데 갑자기 어디선가 나타난 반려견 한 마리가 캔디에게 다가왔습니다. 천천히 걸음을 멈춘 캔디는 땅 냄새를 맡기 시작했고 그 반려견이 제 갈 길로 가버리자 다시 환한 표정으로 보호자에게 달려갔습니다.

'사라'의 보호자는 볼일을 보는 동안 잠시 사라를 나무에 묶어 두었습니다. 그때 마침 한 남자가 나타나 사라에게 다가가기 시작했습니다. 사라는 즉시 고개를 돌리고 땅 냄새를 맡았습니다. 자신이 묶여 있는 동안 모르는 사람이 다가오는 게 싫었던 사라는 그런 마음을 낯선 남자에게 전하려고 했던 것입니다. 그러나 남자는 사라의 시그널을 이해하지 못한 채 계속 다가가려 했습니다. 다행히 근처에 있던 제가 더는 다가가지 말라고 부탁했습니다.

Calming Signals 12

Curving

12

돌아가기

돌아가기 카밍 시그널이란 빙 돌아가거나 거리를 두고 지나가는 것을 말합니다. 어린 반려견을 제외하고 대부분의 반려견들은 다른 반려견에게 직선으로 다가가지 않습니다. 상대 반려견이 명확한 시그널을 보내고 있을 땐 직선으로 다가갈 수도 있겠지만, 그렇게 다가가는 것은 보통 예의에 어긋나는 행동이기 때문에 대부분 직선으로 다가가지 않으려 합니다.

천천히 움직이기와 돌아가기 시그널은 반려견이 서로 인사를 나눌 때 사용하기 좋은 카밍 시그널입니다.

반려견은 누가 자신을 향해 오거나, 자신이 가려는 방향에 누군가 있을 때 이 카밍 시그널을 사용합니다. 여러분의 반려견도 길을 걷는데 누군가 다가온다면 돌아서 가려고 할 것입니다. 겁에 질려있거나 화가 난 반려견을 만났을 때도 여러분의 반려견은 이 시그널을 사용할 수 있습니다. 반려견이 보호자와 나란히 걷고 있는데 누군가 앞에서 다가오는 경우, 반려견은 낯선 사람이 다가오는 게 싫어서 그 사람과 자신 사이에 주인을 두고 걸으려 할 수도 있습니다.

반려견이 우리를 보고 무서워하거나 공격적인 모습을 보인다면 우리도 이 시그널을 사용할 수 있습니다. 그 외에 냄새 맡기, 코 핥기, 고개 돌리기 등의 카밍 시그널을 보내는 반려견을 만났을 때도 우리는 돌아가기 시그널을 통해 그들을 안심시킬 수 있습니다.

돌아가기 시그널은 분쟁을 피하는 데 도움을 줍니다.

왼편의 반려견이 돌아가기 시그널을 사용하자 오른쪽 반려견도 고개를 돌려 상대 반려견의 카밍 시그널에 응답합니다.

얼마만큼 돌아가야 하는지는 상황마다 다릅니다. 크게 빙 돌아서 가야 할 때도 있지만 방향을 조금 틀어 살짝 피해가는 것만으로 충분할 때도 있습니다. 만약 길을 걷다가 반려견을 만난다면 그 반려견이 무서워하지 않도록 충분히 거리를 두고 돌아서 가는 것도 좋은 방법입니다.

이런 친구들도 있어요

'캔디'는 어느 날 작은 뉴펀들랜드NEWFOUNDLAND 강아지를 만났습니다. 그런데 그 강아지는 그곳에 있던 다른 강아지를 낯설어했고 캔디도 그 강아지를 무서워했습니다. 그러자 캔디는 즉시 빙 돌아서 그 강아지 근처까지 간 다음 땅 냄새를 맡기 시작했습니다.

산책 도중 맞은편에서 오는 다른 수컷 반려견을 발견한 '맥스'는 빙 돌아서 그 반려견 곁을 지나갔습니다.

'코니'라는 이름의 저먼 와이어헤어드 포인터GERMAN WIREHAIRED POINTER를 방문했을 때 코니는 보호자와 함께 집에 있었습니다. 사람을 무서워하는 코니는 제가 자기 근처로 가려하자 코를 핥고 고개를 돌렸습니다. 그 시그널을 본 저는 즉시 방향을 튼 다음 다른 곳을 응시하며 살짝 돌아서 코니 옆으로 갔습니다. 그러자 코니는 관심을 보이면서 제게 다가왔습니다.

Calming Signals 13

Splitting up

13

끼어들기

반려견이 다른 반려견이나 사람들 사이에 끼어드는 것도 카밍 시그널 중 하나입니다. 반려견이나 사람이 서로 너무 가깝게 있거나 분위기가 나빠진다고 생각되면 대부분의 반려견은 분쟁을 막기 위해 중간에 끼어듭니다.

우리의 무릎 위에 아이가 올라 앉아 소란스럽게 놀고 있을 때 또는 우리가 누군가의 옆에서 춤을 추거나 사람들이 소파에 너무 가까이 앉아 있을 때에도 반려견이 그 사이에 끼어들려 할 수 있습니다. 두 반려견이 놀고 있는 경우, 장난의 수위가 높아지거나 두 마리가 너무 가까이 있다고 생각되면 다른 반려견이 이 카밍 시그널을 사용하여 중간에 끼어들 수 있습니다.

오른쪽 반려견이 자신의 보호자를 향해 뛰어오자 시바 이누 '하치'는 혹시라도 싸움이 일어날까봐 그 사이에 끼어들었습니다. 그러자 달려오던 반려견은 고개를 돌리더니 다른 곳으로 가버렸습니다.

한 반려견이 다른 반려견들 사이에 끼어든 후 고개 돌리기 시그널을 보내며 싸움을 방지하려 하고 있습니다.

🐾 왼쪽에서 어린 골든 리트리버가 오른쪽의 '첼시'를 향해 놀자고 다가옵니다.

🐾 그러자 '첼시'는 눈을 감고 등을 돌리며 불편하다는 시그널을 보냈고 이를 지켜보던 '다올이'가 둘 사이로 끼어듭니다.

🐾 '다올이'가 둘 사이에 끼어들자 어린 골든 리트리버는 멈칫했고 '첼시'는 무사히 자리를 피할 수 있었습니다.

우리도 반려견이 공포와 두려움을 느낄 때나 다른 반려견과 너무 거칠게 놀 때 또는 아이와 놀던 반려견이 불편함을 느낄 때, 이 끼어들기 시그널을 사용할 수 있습니다.

이런 친구들도 있어요

훈련 도중 몸집이 큰 강아지 한 마리가 자신보다 덩치가 작은 강아지와 거칠게 놀기 시작했습니다. 그 모습을 본 '사가'는 제가 나서기도 전에 먼저 강아지들 사이에 끼어들었습니다. 사가는 끼어들기 카밍 시그널을 사용하여 작은 강아지를 지켜주려 했던 것입니다.

어른 반려견 두 마리가 조금 거칠게 놀고 있었습니다. 같은 방에 있던 작은 강아지가 그 모습을 보고 겁을 먹더니 결국 보호자가 앉아 있는 의자 밑으로 숨어버렸습니다. 그 강아지는 다른 반려견이 다가가도 낑낑 소리를 내며 무서워했습니다. 그때 방으로 들어온 잉글리시 스프링거 스파니엘ENGLISH SPRINGER SPANIEL 종의 어른 반려견 '데니스'가 즉시 그 사이에 끼어들었습니다. 큰 반려견들과 작은 강아지 사이의 거리를 넓혀 겁먹은 강아지가 진정할 수 있게 도와준 것입니다.

하루는 제가 '사가'와 산책하고 있는데 작은 푸들POODLE이 나타났습니다. 그때 어디선가 사모예드SAMOYED 한 마리가 으르렁거리며 다가오더니 푸들을 공격하기 시작했습니다. 그러자 사가는 그 사이에 끼어들어 사모예드가 푸들을 해치지 못하게 막았습니다.

Wagging the tail

14

꼬리 흔들기

꼬리를 흔든다고 해서 반려견이 무조건 즐거워하는 것은 아닙니다. 반려견이 왜 꼬리를 흔드는지 알려면 전체적인 상황을 봐야 합니다.

만약 반려견이 우리를 향해 기어오며 꼬리를 흔들거나, 낑낑대고 소변을 지리며 꼬리를 흔든다면 이것은 우리를 진정시키기 위해 항복의 의미로 흔드는 '백기'입니다. 반려견은 이렇게 화난 보호자를 진정시키기 위해 꼬리를 흔들기도 합니다. 이 시그널은 사람이 따라 하기 쉽지 않습니다. 저도 몇 번 시도해봤는데 생각보다 어려웠습니다.

이런 친구들도 있어요

'로보'의 보호자가 수심이 가득한 얼굴로 귀가를 했습니다. 그 전날 로보가 집에 있는 물건을 물어뜯었는데 보호자는 그날도 같은 상황이 벌어졌을 거라 예상했기 때문입니다. 보호자의 근심 어린 표정을 보고 걱정이 된 로보는 보호자를 향해 꼬리를 흔들며 기어갔습니다. 로보는 보호자의 표정이 밝아지길 원했습니다. 반려견이 이런 행동을 하면 많은 사람은 반려견이 죄책감을 느끼고 있기 때문이라고 생각하는데 이는 사실이 아닙니다. 반려견은 보호자의 보디랭귀지에 반응하는 것일 뿐입니다.

어느 날 제 딸이 자신의 쌍둥이 딸들에게 소리를 지르며 화를 낸 후 밖으로 나갔습니다. 뜰에 있던 '사가'가 그런 딸을 보더니 격하게 꼬리를 흔들며 웃기 시작했습니다. 사가는 자기가 할 수 있는 모든 방법을 동원해 제 딸을 진정시키려 했던 것입니다.

'코라'라는 저먼 셰퍼드의 보호자는 늘 코라를 잡아 흔들고 소리를 지르고 귀를 잡아당겼습니다. 그런 보호자가 무서웠던 코라는 보호자가 집에 올 때면 항상 소변을 보고 기어다니며 꼬리를 흔들었습니다. 코라는 보호자의 화를 풀어주기 위해 할 수 있는 모든 행동을 다 했고 그렇게 해서라도 자신이 얼마나 겁에 질려있는지를 보호자에게 알리려 했던 것입니다.

Calming Signals 15

There's more!

15

그 외의 시그널

지금까지 말씀드린 카밍 시그널들은 반려견이 가장 자주 사용하는 것들입니다. 이외에도 몸을 웅크리는 '강아지 놀이'라든가 얼굴 핥기, 눈 깜빡이기, 입술 핥기, 앞발 들기 등의 시그널이 있습니다.

이런 모든 행동이 카밍 시그널입니다. 이외에도 반려견에게는 여러 가지 시그널이 있습니다. 가만히 노려보기나 직선으로 걸어가기, 옆에 서 있기, 으르렁거리기, 짖기, 공격하기, 이빨 보이기 등과 같은 위협적인 시그널도 있고 털 곤두세우기와 꼬리 올리기 등 내면의 흥분상태를 보여주는 시그널도 있습니다.

'첼시'는 카메라를 보고 겁을 먹었습니다. 스스로를 안정시키기 위해 고개를 돌렸지만, 혹시 몰라 눈은 카메라를 응시하고 있습니다.

반려견이 잘 사용하는 카밍 시그널 중 하나가 바로 앞발 들기입니다.

이런 시그널들은 눈에 잘 띄고 포착하기 쉽기 때문에 오히려 잘못 해석되는 경우도 많습니다. 이러한 시그널들은 반려견이 어떠한 상황에서 흥분하는지를 보여주지만 너무 거기에만 집중하는 것은 좋지 않습니다. 반려견이 보내는 다른 위협적인 시그널이나 카밍 시그널들을 주의 깊게 살피다 보면 반려견들이 무엇을 말하고자 하는지 더 많이 알 수 있게 될 것입니다.

이런 친구들도 있어요

굉장히 공격적인 로트와일러ROTTWEILER가 있었습니다. 이 반려견은 누가 자신의 생활을 조금이라도 방해하면 정말 공격이라도 하겠다는 듯 무섭게 으르렁거렸습니다. 제가 고개를 돌리거나 어떤 행동을 하려고 하면 으르렁거림이 더 심해져서 꼼짝도 할 수 없었습니다. 하지만 저도 포기하지 않았습니다. 당시 제가 할 수 있는 것이라곤 '눈 깜빡이기'뿐이었습니다. 시간이 지나자 로트와일러는 으르렁거림을 멈췄고 조금씩 꼬리를 흔들기 시작했습니다. 그 후 저희는 금세 친해졌습니다.

바센지BASENJI 한 마리가 저먼 셰퍼드를 보고 으르렁거리자 저먼 셰퍼드는 앞발을 들었다가 내리고, 코도 핥고, 눈도 깜빡였습니다. 이 모든 시그널들은 바센지를 안정시키는 데 큰 효과를 발휘했습니다.

Develop your observation skills

16

관찰능력을 키우세요

반려견의 시그널을 포착하는 것도 중요하지만 반려견을 도와줄 수 있는 능력을 기르는 것 또한 중요합니다. 이런 시그널을 제대로 이해하고 숙지한다면 반려견이 시그널을 사용할 때 쉽게 알아볼 수 있을 것입니다.

이전에 이런 시그널에 대해서 잘 몰랐다고 해도 꾸준히 연습하다 보면 시그널을 포착하는 능력이 향상될 것입니다.

※이 책의 뒤편에는 반려견의 행동을 관찰하고 기록할 수 있는 '관찰 노트'가 있습니다.

집에서

집에 있을 때 가만히 앉아 반려견을 관찰하는 시간을 가져 보세요. 집처럼 조용한 곳에서는 시그널이 많이 나타나지 않겠지만 시작이 반이니 일단 해보세요. 그러다 집에서 누가 움직이거나 걸어 다닐 때, 아니면 손님이 왔을 때 반려견이 어떤 시그널을 보내는지 한번 유심히 관찰해 보세요.

다른 반려견과 함께

반려견과 함께 있는 시간을 최대한 활용해 보세요. 목줄을 잡고 있지 않아도 되는 곳에선 반려견의 행동을 더 자세히 관찰할 수 있습니다. 여러분의 반려견이 다른 반려견을 만날 때 어떤 카밍 시그널을 보내는지 살펴보세요.

카메라가 자신들을 향하자 두 반려견 모두 고개 돌리기 카밍 시그널을 사용하고 있습니다.

🐾 왼편의 시바 이누 '하치'가 코를 핥는 것은 카메라 때문일 수도 있고 곁에 있는 어린 강아지를 안정시키기 위한 것일 수도 있습니다.

한 번에 하나씩

배우고자 하는 행동을 몇 개 정해 놓고 관찰하는 것도 하나의 방법입니다. 코 핥기나 하품하기 등 이미 여러분이 파악하신 시그널이 몇 가지 있을 수도 있습니다. 그러면 이제 가만히 지켜보며 반려견이 언제 코를 핥는지 유심히 살펴보세요. 처음에는 집중해서 보지 않으면 쉽지 않을 것입니다. 하지만 조금만 연습한다면 자연스럽게 알게 될 것입니다.

반려견이 코를 핥을 때마다 그 시그널을 알아차리고 또 그걸 언제 사용하는지도 이해할 수 있게 되었다면 이제 다른 시그널을 관찰해 보세요. 고개 돌리기도 자주 나오는 시그널이기 때문에 관찰하기 좋고 빙 돌아가기나 냄새 맡기도 좋습니다.

이렇게 연습을 하다 보면 언젠가는 반려견이 사용하는 모든 카밍 시그널을 알아볼 수 있게 될 것입니다. 카밍 시그널을 배운다는 건 하나의 즐거운 취미가 될 수 있으며 연습을 하면 할수록 이 세계에 점점 더 빠져들게 될 것입니다.

반려견과 대화할 수 있는 세상에 오신 걸 환영합니다!

삶은,
말없는 생명체들에게도
소중한 것이다.

사람이 행복을 원하고
고통을 두려워하며
생명을 원하는 것처럼

그들 역시 그러하다.

—

달라이 라마

Calming

Signals

Part Three

내가 만난,
결코 잊을 수 없는
반려견들

01

피피

'피피'라는 다섯 살짜리 저먼 쇼트헤어드 포인터GERMAN SHORTHAIRED POINTER가 있었습니다. 피피의 보호자는 피피가 다른 반려견을 심하게 공격한다며 저에게 도움을 요청했습니다. 보호자는 저의 집 앞에 도착한 뒤에도 피피가 어떤 돌발행동을 할지 몰라 가까이 오지 못하고 있었습니다. 제가 다가가 살펴보니 피피는 침착하고 착한 아이였습니다. 제게 예의 바르게 인사하는 걸로 보아 그렇게 까다로운 반려견은 아닌 듯했습니다.

웅크리기와 입술 핥기는 다른 반려견과의 소통을 도와주는 보조행동입니다.

하지만 피피의 보호자는 피피가 갑자기 어떤 행동을 할지 몰라 너무 스트레스를 받은 나머지 얼굴까지 창백했습니다.

제가 앞으로 어떻게 할 것인지 간략하게 설명하자 당장이라도 쓰러질 것처럼 서 있던 보호자의 얼굴에서 핏기가 싹 사라졌습니다. 저는 그분께 어떤 말이나 행동도 하지 말라고 주의를 주고는 괜찮다면 피피의 리드줄을 달라고 했습니다. 그러나 보호자는 리드줄만은 본인이 들고 있겠다고 했습니다. 저는 보호자의 뜻을 존중해준 뒤 제 반려견 '베슬라'를 불렀습니다. 집 앞에서 기다리던 베슬라가 달려오자 이를 본 피피는 당장이라도 공격할 것처럼 난폭하게 짖기 시작했습니다.

피피의 행동을 본 베슬라는 상황을 분석한 뒤 움직이기 시작했습니다. 베슬라가 가만히 멈춰 선 다음 땅 냄새를 맡자 방방 뛰던 피피도 움직임을 멈추었습니다. 땅 냄새를 맡고 난 베슬라는 등을 반쯤 돌린 상태에서 피피를 향해 천천히, 빙 돌아서 다가가기 시작했습니다. 베슬라는 분명한 시그널을 보내고 있었고 이를 이해한 피피는 공격하기는커녕 신기해하는 표정으로 가만히 서 있었습니다. 피피와 거리가 더욱 가까워지자 베슬라는 더 천천히 걸었고 불과 몇 미터 앞까지 다가가자 그때부터는 굼벵이처럼 더 느리게 걸었습니다. 모든 걸 지켜보고 있던 피피도 어느새 땅 냄새를 맡기 시작했습니다. 그렇게 베슬라와 피피는 서로의 시선을 피하며 같은 곳의 냄새를 맡았습니다.

몇 달 후, 피피의 보호자가 다시 찾아왔습니다. 그때 저는 훈련 중이었고 주위에는 여러 마리의 강아지가 있었습니다. 차에서 내린 피피가 그 중 한 마리에게 다가가더니 혀로 핥기 시작했습니다. 다른 강아지를 대하는 피피의 태도가 완전히 변해 있었습니다.

지난 12년 동안 베슬라는 이런 경험을 많이 했습니다. 다른 반려견과 제대로 소통할 수 없었던 많은 반려견들의 삶이 베슬라의 도움으로 송두리째 바뀌었습니다.

02

버스터

'버스터'라는 세인트 버나드는 다른 반려견을 무서워했습니다. 버스터는 다른 반려견이 나타나면 금세 표정이 어두워졌고 보호자 뒤에 숨기 바빴습니다.

제가 버스터의 집 앞에 도착했을 때 버스터는 보호자와 함께 밖에서 저를 기다리고 있었습니다. 저는 도착하자마자 '베슬라'를 차에서 내리게 했습니다. 처음 보는 반려견을 좋아하는 베슬라는 버스터를 보자마자 달려갔습니다. 하지만 버스터의 얼굴이 어두워지는 것을 본 베슬라는 곧 태도를 바꾸었습니다. 꼬리를 흔들며 달려가는 대신 움직이는 속도를 늦추며 아주 천천히, 그리고 눈은 마주치지 않은 채로 고개를 이쪽 저쪽으로 돌렸습니다. 제자리에 꼼짝 않고 서 있던 덩치 큰

분쟁을 해결하고 있는 모습입니다. 왼쪽의 시바 이누 '하치'와 오른쪽의 비글 '연이'는 서로 기분 나쁘지 않도록 조심스럽게 자리를 잡았습니다.

버스터는 베슬라의 메시지를 충분히 이해할 수 있었습니다. 6m 정도까지 다가간 베슬라는 그 자리에 멈춘 후 앞다리를 뻗고 엎드렸습니다. 이 자세는 보통 놀고 싶을 때 보내는 시그널이지만 이때 의미는 조금 달랐습니다. 베슬라는 버스터가 자신에게 더 접근해도 된다는 신호를 보낼 때까지 가만히 기다리고 있었던 것입니다. 버스터는 평소처럼 도망가지 않고 제자리에서 베슬라를 바라봤습니다. 그러다 갑자기 앞다리를 뻗고 엎드렸습니다. 그렇게 두 반려견은 서로 접촉할 수 있었습니다.

버스터의 어두워진 표정을 본 베슬라는 버스터를 안심시키기 위해 무엇을 해야 하는지 정확히 알고 있었습니다. 베슬라와 버스터는 대화를 나누었고 서로의 메시지를 이해했으며 이를 통해 문제를 해결할 수 있었습니다. 베슬라의 도움으로 버스터는 두려움을 이겨낼 수 있었던 것입니다.

반려견은 분쟁해결 전문가입니다. 이는 조상인 늑대로부터 물려받은 능력으로 우리가 글을 읽고 어떤 내용을 이해할 수 있듯이 반려견들도 서로의 행동을 보고 감정을 이해할 수 있습니다. 이것은 무리 지어 다니는 동물의 생존본능에 기초한 능력입니다. 인간은 이러한 능력을 반려견만큼 잘 발휘할 수는 없지만 반려견이 우리에게 어떤 메시지를 던지려고 하는지는 이해할 수 있습니다. 우리는 반려견을 관찰할 수 있고, 반려견의 행동을 이해할 수 있으며 우리가 그들의 시그널을 이해하고 있다는 사실을 반려견들에게 알려줄 수도 있습니다. 훈련할 때만이 아니라 일상생활 속에서도 우리는 반려견과 질적으로 더 나은 대화를 할 수 있게 됩니다.

반려견의 언어를 배우면 반려견과 더 잘 소통할 수 있고 이를 통해 자연스럽게 반려견과 더 좋은 관계를 형성할 수 있습니다. 뿐만 아니라 반려견을 더 효과적으로 훈련시키고 양육할 수 있습니다. 반려견이 분쟁에 휘말리지 않도록 도울 수도 있고 반려견이 겁을 먹거나 불안해하거나 폭력적으로 변하거나 스트레스 받는 일들을 줄일 수도 있습니다. 또한 위험한 상황에 놓여 있거나 상처를 입었거나 스스로를 보호하려는 반려견들로부터 공격받을 가능성도 낮출 수 있습니다.

03

사냥개

야윈 사냥개 한 마리가 애절한 표정으로 몸을 떨고 숨을 헉헉대며 방 한가운데로 들어왔습니다. 갈비뼈가 그대로 드러날 만큼 마른 사냥개는 보기가 안쓰러울 정도였습니다. 잠시 후, 집 옆을 지나던 열차 소리가 멀어지자 사냥개는 다시 정상으로 돌아왔습니다. 그리고는 평소와 같은 태도로 인사를 하고 여느 반려견처럼 처음 보는 손님과 친해지려고 노력했습니다.

사냥개가 살던 집 바로 옆에는 철로가 놓여 있었습니다. 집 안까지 들리는 열차 소리가 죽을 만큼 싫었던 사냥개는 제대로 쉬지 못해 살이 7kg이나 빠졌고 심장도 비정상적인 속도로 뛰었습니다.
저는 이 반려견을 위해 뭘 해줄 수 있을지 알 수가 없었습니다. 다른 집으로 이사를 하라고 해야 하나, 약을 먹이라고 해야 하나 고민하다 열차가 집 옆을 지나갈 때 특별한 방법을 한번 사용해보기로 했습니다.

먼저 사냥개의 보호자에게 어떻게 해야 할지 알려주었습니다. 열차 소리가 멀리서 다가오기 시작하자 저는 자리에 앉아 하품을 한 후, 팔(반려견의 입장에서는 앞발입니다)로 땅을 짚고 스트레칭을 했습니다. 그러는 동안 저는 사냥개의 눈을 피해 다른 곳을 응시하면서 동시에 곁눈질로 사냥개의 반응을 살폈습니다. 사냥개의 보호자 역시 제가 알려준 대로 다른 곳을 바라보며 커피를 마셨고 아무 일도 없다는 듯 저와 대화를 나누었습니다. 벌벌 떨며 숨을 거칠게 내쉬고 있던 사냥개는 제가 하품을 하자 저를 쳐다보았습니다. 그리고는 저와 보호자를 번갈아 쳐다보기 시작했습니다.
열차가 또 집 옆을 지나가자 저와 보호자 모두 하품을 하며 일부러 사냥개를 쳐다보지 않았습니다. 그러자 사냥개는 조금 더 편안해진 반응을 보였습니다.

저는 보호자에게 숙제를 내주고 한 달 뒤에 다시 방문하였습니다. 그 기간 동안 보호자로부터 아무 연락이 없었기 때문에 적어도 상황이 더 악화되진 않았다는 걸 알 수 있었습니다. 문을 열고 들어가자 사냥개는 오래된 친구를 맞이하듯 반가워했습니다. 제가 소파에 앉자 사냥개는 얼른 제 옆에 앉더니 몸을 동그랗게 말고는 편안한 자세로 이내 잠이 들었습니다.

사냥개는 전보다 살이 붙었고 갈비뼈도 더 이상 보이지 않았습니다. 그렇게 쉬고 있는데 멀리서 열차 소리가 들리기 시작하더니 점점 집에 가까워졌습니다. 잠을 자던 사냥개는 한

쪽 눈을 뜨고 저를 쳐다봤습니다. 제가 하품을 하자 "그러면 그렇지."라는 표정을 짓고는 다시 잠에 빠져들었습니다.

저는 이루 말할 수 없이 기뻤습니다. 반려견의 언어를 사용해 두려움을 없애고 안심시키는 데 성공했던 것입니다. 보호자는 열차가 지나갈 때마다 반려견이 겁을 먹지 않게 재밌게 놀아 주었던 것 역시 많은 도움이 됐다고 말했습니다. 이 사냥개의 보호자는 제가 카밍 시그널을 이용하여 도와준 첫 의뢰인이었기 때문에 저는 이때의 경험을 결코 잊을 수가 없습니다.

그 일이 있고 몇 년 후에도 사냥개는 저를 알아봤습니다. 사냥개는 숲속에서 토끼를 사냥하며 건강한 모습으로 여생을 보냈습니다. 천국에도 숲이 있다면 아마 사냥개는 그곳에서도 행복하게 지내고 있을 것입니다.

04

사가

'사가'와 함께 도로에 쌓인 눈을 치우던 어느 날이었습니다. 갑자기 건너편에서 사람들이 반려견 두 마리를 데리고 나타났습니다.
사가를 발견한 반려견들은 무섭게 짖으며 달려오기 시작했습니다. 저는 즉시 사가와 그 성난 반려견들 사이에 끼어들려고 했지만 이내 그럴 필요가 없다는 것을 깨달았습니다. 사가가 상황을 충분히 컨트롤하고 있었기 때문입니다. 자신

왼쪽의 웰시 코기가 상대 반려견을 조금 더 진정시키기 위해 등을 돌리고 있습니다.

을 향해 달려오는 반려견들을 발견한 사가는 등을 돌려 그 자리에 앉았습니다.

사가의 행동을 본 반려견들은 그대로 힘이 빠진 듯했습니다. 속도를 늦추더니 짖는 것도 멈추고 이내 사가 주위에서 땅 냄새를 맡기 시작했습니다. 그렇게 사납게 달려오더니 사가 옆으로 가지도 않았습니다. 좀 떨어진 거리에서 멈춘 뒤 가만히 서서 조용히 땅 냄새만 맡을 뿐이었습니다.

사가 역시 반려견들에게 다가가지 않았습니다. 그들이 처음부터 너무 무례하게 굴었기 때문에 친해지고 싶은 생각이 완전히 사라진 것 같았습니다.
그러자 그 반려견 두 마리도 다시 보호자에게 돌아갔습니다.

05

티벳탄 마스티프

한 의뢰인이 티벳탄 마스티프TIBETAN MASTIFF를 데리고 저를 찾아왔습니다. 그 반려견과 의뢰인은 만난 지 얼마 되지 않은 상태였습니다. 보호자가 반려견에게 앉으라고 하자 반려견은 갑자기 넋이 나갔습니다. 보호자의 목소리는 부드러웠지만 반려견 위로 허리를 숙인 것이 문제였던 것입니다.

티벳탄 마스티프라는 대형견은 알고 보면 다정한 성격이지만 목소리가 깊고 걸걸해 종종 오해를 받습니다. 게다가 의뢰인이 데려온 티벳탄 마스티프는 누군가에게 아주 심한 마음의 상처를 입은 듯했습니다.

반려견이 넋을 놓고 자리에 멍하니 앉아 있자 보호자는 목줄을 잡아당겼습니다. 저는 일단 반려견을 가만히 놔두라고 부탁했습니다. 그리고는 반려견에게 다가가 옆에 앉은 뒤 같은 곳을 응시하며 아주 천천히 가슴을 쓰다듬어 주었습니다. 그와 동시에 깊게 숨을 들이쉬고 내쉬며 하품을 했습니다.

그렇게 15분에서 20분 정도 가만히 있자 티벳탄 마스티프는 드디어 정신을 차렸습니다. 자기 옆에 누군가 있는 걸 보고 깜짝 놀라더니 저를 제대로 쳐다보지도 못했습니다. 반려견은 그 상태로 얼마간 가만히 앉아 하품을 하며 주변에 위협적인 것이 없는지 살폈습니다. 완전히 정상으로 돌아오는 데는 어느 정도 시간이 걸렸지만 이내 안전하다고 느꼈는지 저를 핥기 시작했습니다.
나중에 이 반려견은 저에게 완전히 빠져들어 부탁만 하면 뭐

앞쪽의 반려견은 자신이 처한 상황이 불편한지 혼자 멀리 떨어져서 등을 돌리고 앉아 있습니다.

든지 들어줄 것처럼 굴었습니다. 저를 완전히 믿기 시작한 이후 다시 보호자와 함께 제가 있는 곳에 방문했을 땐 제 옆을 떠나려하지 않을 정도였습니다.

반려견과 친해지는 것은 결코 어려운 일이 아니며 일단 친해지고 나면 둘도 없는 친구가 될 수 있습니다. 반려견에게 무서운 사람이 될지 아니면 친구가 될지는 모두 우리의 선택에 달려 있습니다. 저라면 언제든지 후자를 택하겠습니다.

반려견이 고집을 부리거나 산만한가요? 아니면 여러분이 어떤 행동을 했을 때 땅 냄새를 맡으며 어디론가 가버리나요? 이는 반려견이 그 상황에서 불안함을 느껴 어찌해야 할지 몰라 그런 것일 수 있습니다. 이런 경우 인내심을 가지고 기다려주세요. 아니면 불안감을 주는 그런 상황에서 빠져나올 수 있도록 도와주세요. 우리가 여유를 갖고 기다려주면 반려견은 금세 편안해 할 것입니다.

우리가 동물과 대화하려고 하면
그 동물도 우리와 대화하려고 할 것이다.

그렇게 대화를 나누면
서로 이해할 수 있게 된다.

그러나 대화하지 않으면
우리는 그 동물을 이해할 수 없고
우리는 이해할 수 없는 것을 두려워한다.

그리고 우리는
두려워하는 것을 파괴한다.

—

댄 조지(인디언 추장)

Calming

Signals

Part Four

반려견이 스트레스를 받을 때

스트레스를 받을 때 나오는 호르몬은 우리에게 꼭 필요합니다. 어느 정도의 스트레스 호르몬이 있어야 일이나 취미생활을 하는 데 필요한 에너지를 얻을 수 있기 때문입니다. 우리는 때때로 분노, 공포, 흥분의 감정을 일으키는 상황에 놓이게 됩니다. 이때 우리 몸은 더 많은 호르몬을 필요로 하고 근육을 자극하는 아드레날린도 분비됩니다.

스트레스 호르몬이 작용하는 법

우리가 도로에서 운전을 하는 도중 위험한 순간에 직면했다고 가정하겠습니다. 다행히 사고는 면했지만 심장이 두근거리고 손은 땀으로 흥건하게 젖습니다. 화가 치밀 수도 있고 손이 부들부들 떨리거나 목이 마를 수도 있으며 화장실에 가고 싶을 수도 있습니다. 이는 우리 몸속에 많은 양의 아드레날린이 분비되었을 때 나타나는 현상입니다.

사고를 당했거나 화가 났을 때 또는 폭력적인 상황에 직면했을 때, 우리는 스트레스를 받습니다. 스트레스를 받는 상황에는 여러 가지가 있겠지만 대개는 위험을 느끼거나 대처하기 어려운 경우일 때가 많습니다.
스칸디나비아의 과학자들은 낙하산병, 파일럿, 잠수부처럼 자주 위험에 노출되는 사람들을 대상으로 연구를 진행했고 그 결과 우리는 스트레스에 관해 더 많은 것을 알게 되었습니다.

반려견도 우리와 비슷하게 주로 위협이나 공포, 불편함을 느낄 때 스트레스를 받습니다. 누군가 자신을 향해 화를 내거나 벌을 주는 그런 상황 말입니다. 수컷들은 짝짓기 기간에 암컷의 냄새를 맡고 흥분했을 때도 스트레스를 받습니다. 무언가가 자기 앞으로 빠르게 지나갈 때도 스트레스를 받을 수 있습니다. 여러 가지 상황이 있겠지만 기본적으로는 반려견

오른쪽의 흥분한 진돗개가 자신의 의사를 알리기 위해 앞가슴 내리기 시그널을 사용하고 있습니다.

도 사람과 마찬가지로 스스로 통제가 안 되는 상황에서 스트레스를 받습니다.

반려견이 스트레스를 받고 있는지 알 수 있는 방법에는 여러 가지가 있습니다. 반려견이 주변의 어떤 요소 때문에 스트레스를 받는다면 그 스트레스를 줄이기 위해 카밍 시그널을 사용할 것입니다. 이 시그널에 주의를 기울이는 것이 하나의 방법입니다. 그러므로 카밍 시그널을 이해할 수 있다면 반려견이 언제 스트레스를 받는지 쉽게 알아낼 수 있습니다.

지속적으로 스트레스에 노출된 반려견은 배탈, 알레르기, 심장 질환 등을 앓을 확률이 높습니다. 뿐만 아니라 스스로를 보호하기 위해 더 즉각적이고 난폭한 행동을 하게 됩니다. 스트레스를 받지 않는 반려견에 비해 자기방어적 행동을 보이는 시점도 훨씬 빠릅니다.

제 훈련소를 찾아온 반려견 중에도 스트레스에 노출된 반려견이 많았습니다. 그런 반려견들은 다른 사람이나 반려견에게 난폭하게 굴었고 문제적 행동을 보이는 시점도 대단히 빠를 뿐만 아니라 정도도 매우 심했습니다. 이런 경우, 반려견을 잘 관찰해 보면 그 원인이 무엇인지 알 수 있습니다.

불안해하는 친구 달래는 법

옆의 사진에서 왼쪽에 있는 성견 '알레시'는 모르는 반려견을 보면 불안해하는 경향이 있었습니다. 그 옆에 있는, 9개월 된 반려견 '마야'는 알레시의 그런 마음을 바로 알아차렸습니다. 마야는 어린 나이에도 불구하고 상대 반려견에게 자신은 나쁜 의도가 없다는 것을 알려주는 능력이 뛰어났습니다.

이런 상황은 반려견의 삶 속에서 매일 일어납니다.
그렇다면 반려견이 보내는 시그널은 어떤 의미이고 어떻게 하면 우리는 그것을 해석할 수 있을까요?

폭력성은 선천적인 것이 아니다

어릴 때부터 많은 것을 요구당하며 성장해온 반려견은 심한 스트레스에 시달립니다. 보호자가 화를 내거나 난폭한 모습을 보일 때, 항상 복종을 요구하거나 짜증 섞인 목소리로 명

오른쪽의 마야는 먼저 '앉기'와 '등 돌리기' 시그널을 사용했습니다. 이것은 아주 강한 카밍 시그널입니다.

두 반려견이 모두 안정을 찾자, 마야는 앉은 상태에서 더 편안한 자세를 취합니다. 그리고는 고개를 계속 돌린 채 눈을 깜빡입니다.

마야는 만남을 끝내기 위해 알레시를 한번 보고는 다른 곳으로 갑니다.

령을 내릴 때 등 여러 요인이 반려견에게 스트레스를 야기합니다. 이런 이유들로 매일 스트레스를 받는 반려견은 항상 흥분된 상태이며 지나치게 자기방어적입니다. 심지어 다른 수컷이나 사람을 보면 난폭하게 행동하기도 합니다.

반려견의 폭력성이 반드시 학습된 것이라거나 선천적인 것이라고는 볼 수 없습니다. 오히려 일상에서 받는 스트레스가 주범일 가능성이 큽니다. 보호자의 화난 모습과 이래라저래라 요구당하는 것들 모두 반려견에게는 감당하기 힘든 일입니다. 스트레스를 받는 반려견은 심한 자기방어적 행동을 보일 수 있고 실제로 많은 보호자들이 이런 문제를 가지고 저를 찾아옵니다.

스트레스에 지속적으로 노출된 반려견은 소화 장애나 알레르기성 질환을 가지고 있으며 공포나 분노를 쉽게 느끼고 시끄럽게 짖는 등 여러 가지 문제행동을 보입니다.

진짜 원인은 다른 곳에

반려견은 여러 가지를 서로 연관시키며 배웁니다. 가령, 반려견이 다른 반려견을 보고 짖거나 다가가려고 할 때 보호자가 반려견의 목줄을 잡아당긴다면 그 반려견은 다른 반려견이 시야에 들어오는 것과 자신의 목과 등에 느껴지는 고통 사이에 인과관계가 있다고 생각할 것입니다. 반려견이 일단 이런 생각을 하기 시작하면 다른 반려견을 볼 때마다 더 빨리 그리고 더 많이 스트레스를 받게 되고 자기방어적인 행동도 더 심해질 것입니다.

어떤 경우에도 반려견에게 벌을 주거나, 난폭하게 위협하거나, 너무 많은 것을 강압적으로 요구해서는 절대로, 절대로 안 됩니다. 이런 모든 것들이 반려견에게 스트레스를 줍니다. 그리고 시간이 지나면 스트레스로 인해 병이 생깁니다. 자기방어적 행동이 비정상적일 정도로 심해지고 다른 반려견이나 사람을 보면 전보다 더 격렬하게 반응합니다. 그리고 결국에는 누군가를 물어버릴 수도 있습니다.

우리는 어떻게 행동할지 선택할 수 있습니다. 반려견의 카밍 시그널을 배울 수도 있고 그들의 시그널을 이해한다는 사실을 반려견에게 알려줄 수도 있습니다. 반대로, 반려견의 시그널을 계속 무시할 수도 있습니다. 그러면 반려견은 어려운 상황에 놓일 때마다 지속적으로 스트레스를 받게 될 것입니다.

반려견에게 위협적으로 행동하거나 불안감, 공포심, 방어적 감정을 느끼게 하면 좋지 않은 결과로 이어집니다. 어떤 경우에는 반려견의 방어적 행동이 공포로 나타나기도 합니다. 어떤 반려견은 도피반응이 상대적으로 강해져 도망가려고 하거나 무서워하거나 불안해합니다. 싸우는 것으로 스스로를 방어하려는 반려견들은 난폭해지기도 합니다.

걸핏하면 겁을 내거나 난폭한 행동을 보이는 반려견에 대해 연구한 많은 자료들을 살펴보면 분명한 공통점이 있습니다. 반려견이 보이는 난폭한 행동이나 자기방어적 행동은 표면적인 증상일 뿐이며 진짜 원인은 더 깊은 곳에 자리 잡고 있다는 사실입니다. 그리고 그 원인의 대부분은 바로 환경적인 요인에서 오는 심각한 수준의 스트레스였습니다.

결국, 반려견의 좋지 않은 행동을 교정하기 위해선 그 증상만 보지 말고 원인을 찾기 위해 노력해야 하는 것입니다.

여러분의 반려견이 얼마나 스트레스를 받는지 한번 살펴보세요. 그리고 그 스트레스의 원인을 생각해보세요. 우리 스스스로와 우리를 둘러싼 주변 환경을 객관적인 시각으로 보면 전에는 알지 못했던 새로운 사실들이 보일 것입니다. 그러나 자신의 행동을 객관적으로 평가하기란 참 어려운 일입니다. 노력해도 잘 모르겠다면 다른 사람에게 제삼자의 입장에서 봐 달라고 부탁하는 것도 좋은 방법입니다.

반려견에게 스트레스를 주는 것들

○ 반려견의 주변 환경에 존재하는 직접적인 위협(사람이나 다른 반려견이 화를 내거나 폭력을 휘두르는 것 등)

○ 리드줄을 세게 잡아당기거나 몸을 억지로 누르는 행위

○ 훈련을 할 때나 일상생활 속에서 너무 많은 것을 요구하는 행위

🐾 긁기는 반려견이 스트레스를 받고 있을 때 자주 나타나는 신호입니다.

○ 어린 반려견에게 가해지는 과한 운동량

○ 운동 부족 및 적은 활동량

○ 배고픔, 목마름

○ 필요할 때 자기 화장실을 사용할 수 없는 상황

○ 너무 높거나 낮은 주변 온도

○ 통증 및 질병

○ 심한 소음

○ 혼자 있는 것

○ 갑자기 닥치는 무서운 상황

○ 공을 가지고 놀거나 다른 반려견과 놀다 지나치게 흥분한 경우

○ 항상 무언가에 의해 심신의 안정을 방해 받는 경우

○ 갑작스러운 변화

스트레스를 받고 있다는 신호

○ 안정을 취하지 못하고 초조한 모습

○ 주변 상황에 오버액션을 취하는 모습(초인종이 울리거나 다른 반

려견이 접근하는 상황 등에서)

○ 카밍 시그널을 사용하는 모습

○ 긁기

○ 자기 몸 물기

○ 가구, 신발 등 물건을 물거나 씹는 행동

○ 짖기, 울기, 낑낑대기

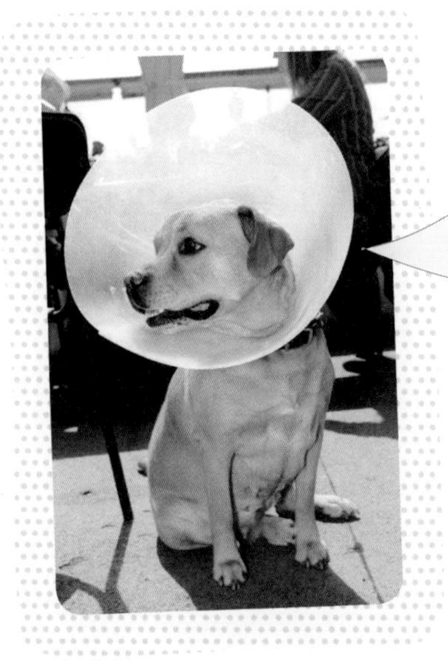

사진 속의 반려견을 보면 주변 상황을 불편해한다는 걸 알 수 있습니다. 돌아간 고개, 다른 곳을 향한 시선, 열린 입, 가벼운 헐떡거림은 반려견이 불안해 한다는 걸 보여줍니다.

○ 설사

○ 몸이나 입에서 나는 악취

○ 긴장된 근육

○ 갑작스럽게 생긴 심한 비듬이나 각질

○ 몸 떨기

○ 눈동자 색의 변화

○ 자기 몸 핥기

○ 자기 꼬리 쫓기

○ 털이 지나치게 뻣뻣해지거나 털끝이 서는 현상

○ 전반적으로 볼 때 건강하지 못한 모습

○ 가쁘게 쉬는 숨

○ 오래 집중하지 못하고 금세 산만해지는 모습

○ 추운 듯 벌벌 떨기

○ 식욕 저하

○ 평소보다 잦은 용변 행위

○ 알레르기 발생(알레르기는 스트레스 때문인 경우가 많습니다)

○ 특정한 것에 대한 집착(반짝하는 불빛, 파리, 장작 타는 소리 등)

○ 불안해하는 모습

○ 난폭한 행동

○ 명령을 따르지 않고 회피하는 모습

우리가 할 수 있는 것들

반려견이 스트레스를 받을 때 우리가 할 수 있는 모든 행동을 이야기하자면 책 한 권 분량이 나오니 그것을 모두 적지는 않겠습니다. 여기에서는 기본적인 내용만 다루겠습니다.

○ 가능하다면 반복되는 일상이나 생활환경에 변화를 주세요.

○ 반려견에게 가혹한 행위를 하지 말고 훈련이나 핸들링을 할 때 고통을 주는 폭력적인 도구를 사용하지 마세요. 이런 도구는 어떠한 경우에도 사용해서는 안 됩니다. 그런 도구가 아무 쓸모도 없다는 것은 반려견의 반응만 봐도 알 수 있습니다.

○ 반려견의 카밍 시그널을 배우고 파악해서 필요한 경우 자신이 직접 시그널을 사용하는 연습을 해보세요.

○ 반려견이 배고픔, 목마름, 심각한 더위나 추위를 느끼지 않게 해주세요.

○ 필요한 만큼 자주 화장실에 갈 수 있도록 하고 알맞은 운동량을 찾아 주세요. 운동량은 너무 적지도, 너무 많지도 않아야 합니다.

○ 반려견이 최대한 자신의 무리에 머무를 수 있도록 해주세요. 즉, 반려견이 보호자나 보호자 가족과 최대한 같이 있을 수 있도록 하고, 혼자 있는 법은 천천히 가르쳐주세요.

○ 친밀한 태도, 가볍게 쓰다듬는 것, 마사지 해주기, 곁에 나란히 누워있기 등과 같은 행동은 어린 강아지뿐만 아니라 성견에게도 스트레스 해소를 위해 좋습니다. (다만, 억지로 하지는 마세요.)

악순환의 고리 끊기

반려견은 공포를 느끼면 스트레스를 받습니다. 그리고 스트레스는 자기방어적 행동으로 이어지고 이는 공포를 더욱 가중시킵니다. 그러면 어떻게 이 악순환을 끊을 수 있을까요?

반려견 '지용'이 고개를 돌려 맞은편에서 다가오는 아이의 직접적인 시선을 피하고 있습니다.

사진 속의 반려견들은 기다리기 교육 때문에 스트레스를 받고 있습니다. 서로를 쳐다보지 않은 채 제자리에서 가만히 기다리면서 자신과 다른 반려견을 안정시키기 위해 노력하고 있습니다.

스트레스를 줄이는 가장 좋은 방법은 바로 대화입니다. 사람과 반려견이 소통하며 서로를 이해하게 된다는 건 우리에게도 반려견에게도 모두 멋진 일입니다. 카밍 시그널이야 말로 반려견과의 대화를 가능하게 하는 열쇠이자 동물과 대화를 나누고 싶어 하던 어릴 적 꿈이 현실이 되는 방법입니다.

반려견의 스트레스를 덜어주는 또 다른 방법으로는 반려견을 억압적으로 다루지 않고 벌을 준다거나 난폭한 행동을 절대 하지 않는 것입니다. 화를 내는 대신 카밍 시그널을 사용해보세요. 그러면 반려견도 시그널을 이해하고 카밍 시그널로 응답할 것입니다. 이렇게 보호자가 더 친밀하게 대하면 대할수록 반려견도 더 행복해 질 것입니다. 이제 새로운 삶을 기분 좋게 시작해 보세요!

인간보다 동물이
덜 고통스러워할 것이라고 생각하지 말라.

고통은,
인간과 동물 모두에게
똑같이 참기 어려운 것이다.

오히려 그들은
그들 스스로를 돕지 못하기 때문에
더 고통스럽다.

—
루이스 제이

Calming

Signals

Part Five

실제 훈련에서 카밍 시그널 사용하기

허리를 숙이지 마세요

반려견에게 눕기나 앉기 훈련을 할 때 반려견의 몸 위로 허리를 굽혀 몸을 숙이는 대신 무릎을 구부려 앉거나 그냥 허리를 펴고 있는 것이 좋습니다. 특히 반려견이 훈련을 지루해 한다면 등을 반쯤 돌리는 것도 좋은 방법입니다. 반려견 위로 몸을 숙이면 반려견은 전보다 몸을 더 천천히 움직이거나 보호자가 원하는 행동을 아예 하지 않을 수도 있습니다.

반려견이 다가올 때도 허리를 숙이지 않는 것이 좋습니다. 우리가 몸을 숙이면 반려견은 아예 다가오지 않거나 고개를 돌리며 우리를 피해 갈 가능성이 큽니다. 그러니 몸을 숙이지 않고 등을 반쯤 돌려 옆을 보고 있는 것이 좋습니다. 이런 자세를 하고 있으면 반려견이 우리에게 다가올 확률이 더 큽니다.

리드줄을 당기지 마세요

보호자 옆으로 부르는 훈련을 할 때 목줄을 잡아당기거나 짧은 리드줄을 사용하면 반려견의 목이 아플 뿐만 아니라 보호자를 피해 고개를 돌리고 땅 냄새를 맡거나 그 밖에 다른 카밍 시그널을 보낼 수 있습니다. 넉넉한 길이의 리드줄을 사용하고 반려견을 부를 때는 혀를 차는 소리를 내서 신호를 보내 보세요. 반려견이 훈련에 집중하고 있다면 보호자가 반려견에게서 돌아서며 신호를 주기만 해도 보호자를 따라 올 것입니다.

반려견의 목줄을 잡아당기거나 질질 끄는 것과 같이 반려견의 목에 고통을 주는 행동은 할 필요가 없습니다. 또한 반려견을 만질 때 너무 세게 잡지 않는 것이 좋습니다. 물론 누군가 자기 몸을 꽉 잡아도 참는 법을 배워야 하는 경우도 있겠지만 그런 경우라도 아주 천천히 교육해야 합니다.

쉬운 동작을 사용하세요

보호자가 몸을 움직일 때는 반려견이 쉽게 이해할 수 있는 몸동작을 사용하는 것이 좋습니다. 반려견을 향해 등을 반쯤 돌려 보호자의 옆모습을 보여주는 동작 같은 것이 이에 해당합니다. 반려견 곁에 앉을 때에도 몸을 반쯤 돌린 다음 무릎을 구부려 앉아 보세요. 반려견을 쓰다듬고 싶다면 가슴이나 턱처럼 아래쪽부터 쓰다듬어 주세요. 단, 너무 세게 잡지는

반려견은 보통 누군가 가까이 앉아 등을 만지면 불편해 합니다. 반려견 '첼시'도 이런 불편한 감정을 느끼고 하품을 하고 있습니다.

마세요. 그리고 잘 모르는 반려견은 절대 안으려고 하지 마세요.

반려견을 안정시킬 수 있는 방법들

반려견을 대할 때 우리는 보다 덜 위협적인 방법들을 선택할 수 있습니다. 반려견이 절대 우리에게 위협을 느끼게 행동해서는 안 됩니다. 우리는 언제나 스스로 어떤 행동을 할지 선택할 수 있다는 것을 잊지 마세요.

지금부터 사진과 함께 반려견을 안정시킬 수 있는 몇 가지 방법을 소개하겠습니다.

반려견이 길을 걷다 맞은편에서 다가오는 다른 반려견을 보고 무서워 한다면 여러분이 두 반려견 사이에 끼어들어 걸어보세요. 반려견이 훨씬 더 편안해 할 겁니다.

시간이 지나면서 이 거리를 좁힐 수 있습니다.

마지막에는 반려견이 서로 옆에서 걸을 수 있도록 중간에 있는 사람들이 한 명씩 빠집니다.

🐾 반려견이 카밍 시그널을 이용하여 자신의 기분을 다른 반려견에게 전할 수 있도록 충분히 긴 리드줄을 사용해주세요. 목줄을 잡아당기지 말고 리드줄을 느슨하게 잡아 주세요. 그러면 반려견의 상황 대처 능력이 높아질 겁니다.

🐾 빙 돌아가는 것은 반려견들 사이의 자연스러운 의사전달 방법입니다. 반려견에게 가까이 갈 때 이런 방법을 사용하면 반려견들이 편안해 할 것입니다.

🐾 어떤 반려견이 다른 반려견에게 직선으로 다가간다면 그 가운데 끼어들어 불편한 상황을 방지할 수 있습니다.

동물에게 잔인한 사람이라면
인간에게도 그럴 수 있다.

동물을 대하는 태도로
사람의 본성을 판단할 수 있다.

—

임마누엘 칸트

Calming

Signals

Part Six

반려견이 언어를 잊은 것처럼 보일 때

카밍 시그널을 사용하지 못 하는 경우

반려견이 대화 방법을 잊어버린 것 같은 경우 어떻게 하나요?
가끔 이런 질문을 받습니다. 하지만 반려견의 언어란 유전자에 각인되어 있는 것이기 때문에 반려견이 그것을 완전히 잊어버리는 경우는 거의 없습니다. 하지만 일부러 대화를 하지 않으려고 할 수는 있습니다. 자신의 언어를 사용했다가 벌을 받거나 매를 맞은 경험이 있는 반려견들이 그렇습니다.

제가 훈련했던 반려견 중에는 언어를 완전히 잊은 것처럼 보이는 반려견도 있었습니다. 아직 너무 어린 반려견이나 스트레스를 너무 많이 받으며 자란 반려견 중에는 카밍 시그널을 사용하지 못하는 경우가 있습니다. 이런 일은 두뇌가 스트레스를 받아 논리적으로 잘 기능하지 못하기 때문에 일어납니다. 어려운 상황에 부딪혀도 자신의 의사를 잘 표현하지 못하는 반려견이 있다면 공포심을 주는 요소로부터 지금 당장 반려견을 떼어 놓거나 그런 요소 자체를 줄여주세요. 혹은 반려견에게 자신이 처한 상황을 인지할 시간을 주거나 그런 상황에 더 잘 대처할 수 있도록 도와주어야 합니다. 이렇게 하면 잊어버렸던 카밍 시그널 사용능력도 다시 돌아올 것입니다.

반려견에게 벽이 되어 주세요

공포심을 느끼게 하는 요소에서 멀어지는 것만으로도 반려견은 편안함을 느끼고 그 상황에 더 잘 대처할 수 있게 됩니다. 반려견이 위협을 느끼고 있는 무언가를 지나칠 때 보호자가 중간에서 벽과 같은 역할을 하는 것도 좋은 방법 중 하나입니다. 예를 들어 다른 반려견을 무서워한다면 사람이 벽

역할을 해 주고, 사람을 무서워한다면 다른 반려견이 벽 역할을 하도록 하는 것이 좋습니다.

또 다른 방법도 있습니다. 앞 장에서 이야기한 것처럼 목줄을 세게 잡아당길 필요가 없게 리드줄을 느슨하게 한 상태에서 반려견이 보호자 옆으로 걷도록 훈련하는 것입니다. 다른 반려견을 봤을 때 목줄로 인해 조금이라도 고통을 느끼게 되면 그 반려견을 고통과 연관해 기억할 것이기 때문입니다.

반려견에게 긍정적인 시그널을 주세요

앞서 살펴보았듯이 반려견은 여러 가지를 서로 연관시키며 지식을 습득하기 때문에 다른 반려견이나 사람 또는 어린아이를 보았을 때 우리가 반려견에게 어떤 시그널을 주는지 주의 깊게 살펴봐야 합니다. 반려견이 다른 사람이나 반려견들을 긍정적으로 받아들일 수 있게 하기 위해서는 보호자가 반드시 긍정적인 시그널만 주어야 합니다. 그러면 반려견이

그것을 보고 어떤 감정과 연관시켜야 하는지를 배울 수 있습니다.

반려견은 어려운 상황에 부딪히거나, 공포심을 주는 사람이나 반려견 혹은 어떤 물체가 자신에게 너무 가까이 다가온다고 느끼면 그때마다 사용하고 싶은 '비상 탈출구'를 가지고 있습니다. 반려견이 언제든 원할 때 이런 탈출구를 통해 도망갈 수 있도록 허락해 주세요.

반려견이 어떤 상황을 힘들어 한다면 그 상황을 공포심이나 분노가 아닌 다른 감정과 연관시킬 수 있도록 도와줄 수 있습니다.

우리는 개에게

줄 수 있는 만큼의 시간을 주고
우리가 내어줄 수 있는 만큼의 공간을 주고
우리가 줄 수 있는 만큼의 사랑을 준다.

그 답례로,

개는 자신의 모든 것을 우리에게 준다.
이것은 인간이 할 수 있는 최고의 거래다.

—

마저리 패클럼

Calming

Signals

Part Seven

어린 강아지에게 가장 중요한 두 가지

갓 태어난 강아지들의 경우

몇 년 전, 한 영국인 친구에게 부탁해 어린 강아지들을 관찰해 달라고 한 적이 있습니다. 그 친구는 동물을 구조한 경험이 많았고 보호자에게 버림받은 여러 마리의 반려견들을 키우고 있었습니다. 그런 반려견 중에는 새끼를 밴 반려견도 있었기에 그의 집은 항상 새롭게 태어난 강아지들로 가득했고 어린 강아지를 관찰하기에 적합한 곳이었습니다.

친구는 제 부탁대로 2년이라는 기간 동안 갓 태어난 강아지들이 9–10주가 될 때까지 관찰했고 그 내용을 저에게 알려주었습니다.
친구에게 받은 자료를 보니 갓 태어난 강아지는 카밍 시그널을 사용할 수 없는 게 분명했습니다. 아직 몸을 제대로 가눌 수 없는 어린 강아지가 사용하는 유일한 시그널은 하품이었습니다. 특히 누군가 자신을 들어 올리거나 손으로 만지면 하품을 했는데 이 시그널은 태어난 바로 그 날부터 사용할 수 있었습니다. 태어난 지 7시간 만에 하품하기를 사용한 강아지도 있었습니다.

갓 태어난 강아지는 누가 자신을 들어 올리면 어김없이 모두 하품을 했습니다. 반면에, 스트레스가 될 만한 요소가 없는 편안하고 안전한 환경에서 태어난 강아지를 관찰했더니 태어나고 며칠이 지나서야 비로소 카밍 시그널을 사용했습니다.

강아지가 점점 자라나며 신체를 사용하는 방법을 터득하자 시그널의 수도 늘어났습니다. 그리고 제 훈련 프로그램에 참여할 수 있을 만큼 성장한 강아지들은 카밍 시그널을 전부 마스터하고 다른 반려견의 카밍 시그널까지 모두 이해하는 경지에 도달했습니다.

반려견에게도 친구가 필요해요

반려견이 다른 반려견과 더 잘 소통하고 어울리려면 다른 반려견과 같이 시간을 보내야 합니다. 견종, 크기, 털 색깔 등 생김새도 다양하면 다양할수록 좋습니다. 다른 반려견과 어울리는 시간은 가장 높은 차원의 교육이고 미래에 생길 수 있는 많은 문제에 대한 예방책입니다. 사회성 훈련 및 환경 훈련, 이 두 가지가 바로 강아지 교육에 있어 가장 중요한 요소입니다.

처음 만난 반려견들끼리 친해지는 법

🐾 빨간색 하네스HARNESS를 한 오른쪽의 시바 이누에게 다가가고 싶은 왼쪽의 어린 시바 이누가 땅 냄새 맡기 시그널을 보냅니다. 그러나 어린 시바 이누는 곧 상대 반려견이 보내는 강한 카밍 시그널을 알아챘습니다.

🐾 어린 시바 이누는 고개를 내리고 빙 돌아가며 이 시그널에 대답합니다.

상대 반려견이 조금씩 자신에게 관심을 보이자 어린 시바 이누는 등을 보인 채로 동작 멈추기 시그널를 보내며 자신을 무서워할 필요가 없음을 보여줍니다.

오른쪽의 어린 시바 이누가 천천히 돌아 걸으며 상대 반려견에게 조심스럽게 다가갑니다.

🐾 가까이 다가간 후 땅 냄새 맡기 시그널을 보이자 엎드려 있던 상대 반려견도 인사를 나누기 위해 일어납니다.

🐾 시바 이누 두 마리가 드디어 인사를 나누었습니다. 올바른 소통방법 덕분에 친해지기에 성공한 것입니다.

강아지는
당신에게 조건 없는 사랑을
가르쳐 줄 것입니다.

당신이 당신 삶에서
조건 없는 사랑을 가질 수 있다면,
모든 일들은
나쁘지 않게 지나갈 것입니다.

—
로버트 와그너

Calming

Signals

Part Eight

우리 안의 잘못된 믿음

늑대에게 배워야 할 것들

반려견을 키우는 사람 중에는 서열을 확실히 하지 않으면 반려견이 주인을 깔보고 얕잡아 본다고 믿는 사람들이 많습니다. 이런 잘못된 생각 때문에 많은 반려견이 고달픈 삶을 살고 있습니다.

암컷 늑대와 수컷 늑대가 만나 새끼를 낳으면 늑대무리가 형성됩니다. 자신의 새끼를 이 세상 그 무엇보다 아끼고 살뜰히 보살피는 늑대 부모는 먹이를 구해와도 꼭 새끼에게 먼저 줍니다. 부모의 사랑과 보호 속에 안전하게 성장한 새끼 늑대는 평생 부모를 사랑하고 공경하며 은혜를 갚습니다.

어느 정도 성장한 새끼 늑대들 중 일부는 자신만의 가족을 꾸리기 위해 무리를 떠납니다. 나머지 새끼들은 부모 곁에 남아 새로 태어난 새끼들을 함께 돌보고 같이 사냥도 하며 지냅니다. 부모에 대한 새끼 늑대들의 존경심은 평생 지속되기 때문에 그들은 절대 자신의 무리 안에서 '리더'나 '주인'이 되려고 하지 않습니다.

새로 강아지를 분양 받으면 윽박지르거나 벌을 줘서 강아지를 훈련하는 사람이 많습니다. 하지만 이런 훈련은 준비가 전혀 되어있지 않은 어린 강아지에게 세상은 무섭고 겁나는 곳이라는 인식을 줍니다. 우리는 반려견에게 부모와 같은 존재입니다. 그러니 서열이 높은 주인이 아니라 보호자가 되어 보는 건 어떨까요?

어린 강아지가 감당할 수 없을 정도의 공포를 느끼고 으르렁거리면 주인은 시끄럽게 군다고 또 벌을 줍니다. 이렇게 문제가 점점 쌓여가고 강아지의 인생에는 어둠이 드리우기 시작합니다.

강아지를 분양 받으면 그 강아지는 우리를 새로운 엄마로 생각하며 전적으로 의지합니다. 그리고 진짜 엄마가 자기를 보호하고 사랑했듯이 우리도 그렇게 자신을 대할 거라고 믿습니다.

강아지에게 서열 높은 주인이 되려 하지 말고 그들의 부모가 되어주세요.

물론 어린 강아지가 배워야 할 규칙들도 있습니다. 하지만 그걸 한꺼번에 다 가르치려고 하지는 마세요. 특히 무서운 방법은 절대 사용해선 안 됩니다. 어미견을 보면 어떻게 해

모든 강아지는 위험요소가 없는 안정적인 환경에서 자라야 합니다. 인간은 강아지를 보호하는 동시에 강아지가 스스로 선택할 수 있게 허락하고 교육 또한 친절한 방식으로 이뤄져야 합니다. 이렇게 해야만 강아지의 신뢰를 얻을 수 있고 여러분의 반려견과 서로 존중하는 관계가 될 수 있습니다.

야 강아지를 잘 키울 수 있는지 알 수 있습니다. 어미견의 교육방법은 정말 훌륭해서 우리가 배울 점도 많습니다. 우리는 반려견에게 '좋은 행동'을 가르쳐야 한다는 건 잊어버리고 잘못한 점에 대해 벌을 주는 데만 급급합니다. 반려견의 도덕적 판단 기준은 인간과 똑같지 않습니다. 그러니 반려견이 인간의 도덕기준을 이해할 수 있도록 잘 교육해야 합니다.

생후 4개월에서 4개월 반까지, '퍼피 라이센스PUPPY LICENSE'라 불리는 이 기간 동안에는 새끼 강아지가 무엇을 해도 부모가 꾸지람을 하지 않습니다. 그런데 왜 사람들은 강아지에게 쉽게 폭력을 사용할까요? 자기보다 몇 배 더 큰 존재에게 물리적 폭력을 당하는 강아지들이 얼마나 무서울지 한번 생각해 보세요.

그런 취급을 당한 강아지는 점차 카밍 시그널을 억누르고 난폭한 행동으로만 의사표현을 하는 반려견으로 성장할 것입니다. 그 누구도 자기 기분을 생각해주지 않는다고 느끼겠

죠. 결국 감정을 잘 드러내지 않으며 아무것도 하지 않는 내성적인 성격을 갖게 될 것입니다. 아니면 쉽게 겁을 먹거나 불안해하고, 스트레스를 받거나 난폭한 성격이 될지도 모릅니다. 이렇게 자라난 반려견은 결국 반려견이 되는 것을 포기할 수도 있습니다. 결국 그 반려견은 사람들에게 문제견으로 낙인찍힐 것입니다.

안전한 환경에서 인내심 많은 보호자로부터 받는 보살핌이야 말로 훌륭한 반려견으로 성장하기 위한 최고의 밑거름입니다. 늑대 부모는 새끼를 완벽한 늑대로 기르고 강아지 부모는 새끼를 완벽한 강아지로 성장시킵니다. 그러나 인간이 강아지를 기르면 문제 덩어리로 성장합니다.

이제 반려견보다 서열이 높은 주인이 되어야 한다는 잘못된 믿음은 버려도 좋지 않을까요? 강아지의 부모가 최고의 방법을 사용해 새끼를 교육하듯 우리도 어린 강아지에게 부모가 되어야 하고 더 나아가 좋은 보호자가 되어야 합니다.

한 아이에게
벌레를 밟지 말라고 가르치는 것은

벌레를 위한 것만큼이나
그 아이를 위해서도 소중한 가르침이다.

—

브래들리 밀러

Calming

Signals

Part Nine

우리가 선택할 수 있습니다

반려견의 언어를 이해하면 반려견과 훨씬 더 좋은 관계를 맺을 수 있습니다.

지금까지 인간과 반려견 사이의 대화는 일방적이었습니다.
"나는 네 주인이야. 그러니까 너는 내가 시키는 대로 해!"
과연 이걸 좋은 관계라고 할 수 있을까요?

우리의 행동은 반려견에게 위협적일 수도 있고 친근하게 느껴질 수도 있습니다. 이것은 모두 우리의 선택에 달려 있습니다. 한 가지 꼭 명심해야 할 것은, 반려견에게 위협을 가하고 공포심을 안겨주어야 할 이유는 어디에도 없다는 사실입니다. 모든 생명이 그러하듯 반려견 또한 생존을 지향합니다. 위협을 받으면 당연히 스스로를 지키려고 할 수 밖에 없습니다. 어떤 반려견은 자신을 보호하기 위해 도망가기도 하고 어떤 반려견은 위협에 맞서 싸우기도 합니다. 반려견이 어떤 행동을 보이든지 그 행동의 근본적인 원인은 단 하나, 바로 우리입니다.

우리가 반려견에게 겁먹을 이유를 주지 않는다면 반려견 또한 우리 옆에 있는 것을 두려워하지 않을 것입니다. 이렇게 된다면, 반려견과 우리의 관계는 근본적으로 바뀔 수 있습니다.

선택은 언제나 우리의 몫입니다. 어떤 상황에서 어떤 반려견과 있든지 간에 선택권은 언제나 사람에게 있습니다. 반려견을 직접적으로 응시하는 대신 시선을 피할 수 있고, 행군하듯 걷거나 달리는 대신 천천히 걷는 것을 선택할 수 있습니다. 때로는 등을 돌리거나 가만히 서 있는 것을 선택할 수도 있습니다. 반려견이 피곤하다거나 더는 집중할 수 없다거나 이젠 쉬고 싶다는 등의 카밍 시그널을 보내면 그것을 받아들이는 것 또한 우리의 선택입니다. 이런 선택들을 통해 우리는 작지만 의미 있는 변화들을 만들어 낼 수 있는 것입니다.

우리가 반려견의 존중을 받고 싶다면 우리도 반려견을 존중해야 합니다. 좋은 관계란 서로 소통하며 동등한 입장에서 공생할 때에만 형성될 수 있습니다. 서열 높은 주인의 입장에 서려고 하면 아무 것도 해결되지 않습니다. 반려견의 삶뿐만 아니라 우리의 삶 또한 어려워질 뿐입니다.

선택은, 우리의 몫입니다.

사람한테 받는 위로와
반려견한테 받는 위로는 달라요.

그들은 우리한테 이유를 묻지 않아요.
그냥 당신이기 때문에 좋아하죠.

—

강형욱

에필로그

다섯 살 때, 저는 커서 꼭 반려견을 위해 좋은 일을 하는 사람이 되고 싶었습니다.

그때는 너무 어려서 정확히 무슨 일을 해야 할지 몰랐습니다. 그러나 크면 클수록 이런 소망은 더 간절해졌고 그 꿈을 좇다 보니 이제 반려견 훈련스쿨까지도 운영하게 되었습니다.

지금 저는 꿈을 이루었을 뿐만 아니라 그 이상을 해낸 것 같은 기분이 듭니다. 어렸을 때는 그저 제 주변에 있는 반려견들을 도와주고 싶은 정도였는데 이제는 세계 곳곳을 돌아다니며 반려견을 돕게 되었습니다. 매년 1,000마리에 가까운 반려견이 제게 훈련을 받은 뒤 더 나은 삶을 살게 되었고 이런 노력을 인정받아 상을 받기도 했습니다. 아마 반려견 훈련사 중 이 같은 이유로 상을 받은 사람은 저 밖에 없을 겁니다.

제가 아무리 많이 노력해도 이 세상 어딘가에는 어려움에 처한 반려견이 있을 겁니다. 하지만 저는 이제 제가 어떤 길을 가야 하는지 정확히 알고 당당하게 그 길을 가고 있기에 어떠한 역경이 닥쳐도 이겨낼 자신이 있습니다.

어릴 적 꿈대로 반려견을 위해 살아온 제 삶은 큰 축복이었습니다. 숨을 거둘 때까지 이 일을 멈추지 않고 제가 가진 힘, 능력, 지식 모두를 발휘해서 제가 도울 수 있는 모든 반려견을 돕고 싶습니다. 왜냐하면, 저 또한 반려견에게 많은 도움을 받았기 때문입니다.

참고문헌

Clothier, Suzanne *Bones Would Rain From the Sky*. Time Warner, 2002.

Coppinger, Ray and Lorna *Dogs–A New Understanding of Canine Origin, Behavior and Evolution*. University of Chicago Press, 2001.

Eaton, Barry *Dominance, Fact or Fiction*. 2002.

Engel, Cindy *Wild Health*. Pheonix, 2002.

Fox, Michael *Behavior of Wolves, Dogs and Related Canids*. Florida: Krieger, 1987.

Lorenz, Konrad *Man Meets Dog*. London: Methuen, 1954.

Lorenz, Konrad *On Aggression*. New York: Harcourt, Brace and World, 1966.

Mech, L. David *The Wolf: The Ecology and Behavior of an Endangered Species*. Minnesota: University of Minnesota Press, 1981.

Rugaas, Turid *My Dog Pulls. What Do I Do?* Dogwise Publishing, 2005.

CALMING SIGNALS

관찰노트

관찰노트

관찰능력을 기르기 위한 연습

관찰노트를 쓰는 목적은 단순히 내 반려견이 사용하는 카밍 시그널을 기록하는 게 아니라, 보호자의 관찰능력을 실질적으로 향상시키려는 데 있습니다. 평소 카밍 시그널을 제대로 이해하고 숙지하고 있다면 반려견이 시그널을 사용할 때 쉽게 알아볼 수 있습니다.

반려견과 함께 있는 시간을 최대한 활용해 보세요. 목줄을 잡고 있지 않아도 되는 곳에선 반려견의 행동을 더 자세히 관찰할 수 있습니다. 여러분의 반려견이 다른 반려견을 만날 때 어떤 카밍 시그널을 보내는지 살펴보세요. 집에서 누가 움직이거나 걸어 다닐 때, 아니면 손님이 왔을 때 반려견이 어떤 시그널을 보내는지도 유심히 관찰해 보세요.

배우고자 하는 행동을 몇 개 정해 놓고 관찰하는 것도 하나의 방법입니다. 반려견이 언제 코를 핥는지, 언제 하품을 하는지 유심히 살펴보세요. 이렇게 연습을 하다 보면 언젠가는 반려견이 사용하는 모든 카밍 시그널을 알아볼 수 있게 될 것입니다.

관찰을 시작하며

1. 내 반려견이 보이는 카밍 시그널을 모두 체크해 보세요.

▢ 고개 돌리기 ▢ 부드럽게 쳐다보기 ▢ 등 돌리기
▢ 코 핥기 ▢ 동작 멈추기 ▢ 천천히 걷기/느리게 움직이기
▢ 앞가슴 내리기 ▢ 앉기 ▢ 엎드리기 ▢ 하품하기
▢ 냄새 맡기 ▢ 돌아가기 ▢ 끼어들기 ▢ 꼬리 흔들기

2. 하나의 카밍 시그널을 정해놓고 10분 정도 관찰하며, 언제 그 시그널이 나타나는지 타임라인에 체크해 보세요.

3. 낯선 사람이나 다른 반려견을 만났을 때처럼 반려견이 불안감을 느끼는 상황에서 관찰하면 더욱 효과적입니다. 처음에는 동영상으로 촬영한 후 그 영상을 천천히, 반복적으로 보면서 카밍 시그널을 찾는 연습을 하는 것이 좋습니다.

고개 돌리기

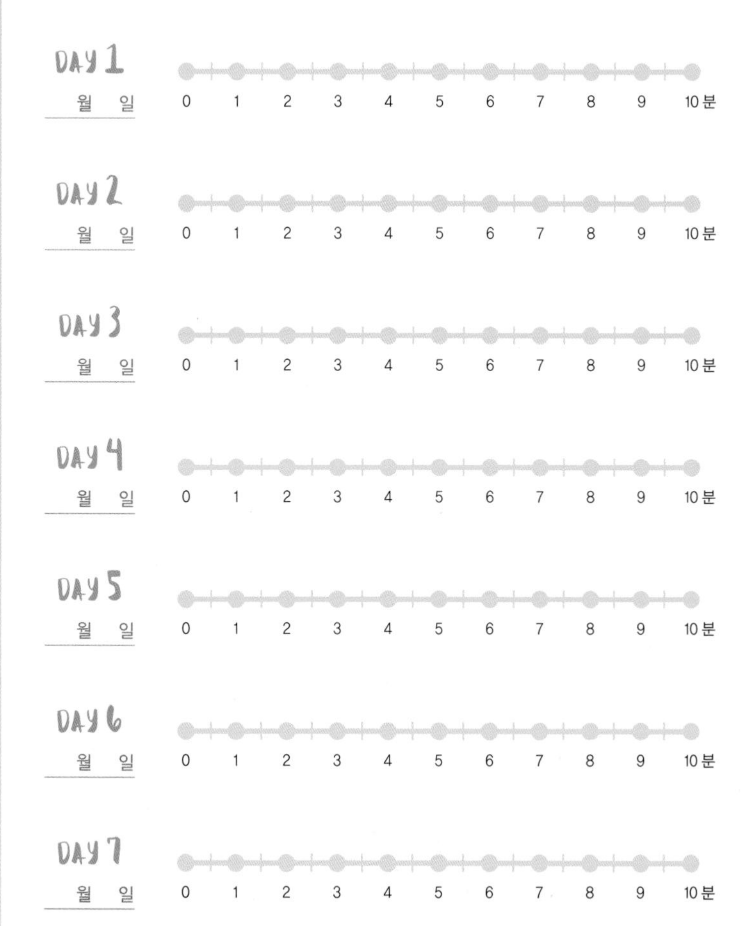
DAY 1
월 일
0 1 2 3 4 5 6 7 8 9 10분
DAY 2
월 일
0 1 2 3 4 5 6 7 8 9 10분
DAY 3
월 일
0 1 2 3 4 5 6 7 8 9 10분
DAY 4
월 일
0 1 2 3 4 5 6 7 8 9 10분
DAY 5
월 일
0 1 2 3 4 5 6 7 8 9 10분
DAY 6
월 일
0 1 2 3 4 5 6 7 8 9 10분
DAY 7
월 일
0 1 2 3 4 5 6 7 8 9 10분

부드럽게 쳐다보기

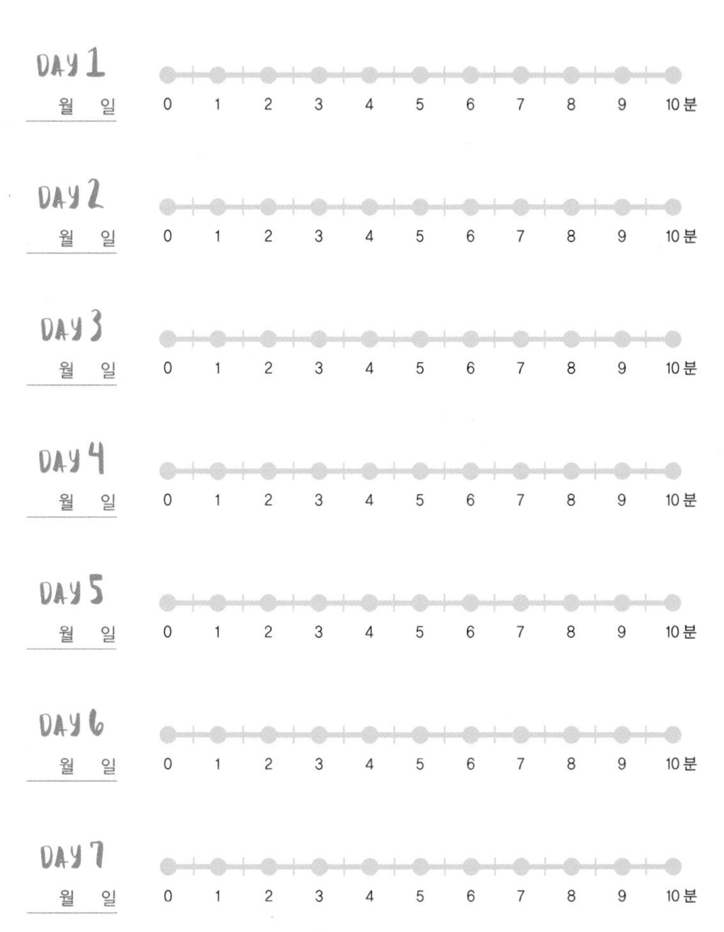
DAY 1
월 일
0 1 2 3 4 5 6 7 8 9 10분
DAY 2
월 일
0 1 2 3 4 5 6 7 8 9 10분
DAY 3
월 일
0 1 2 3 4 5 6 7 8 9 10분
DAY 4
월 일
0 1 2 3 4 5 6 7 8 9 10분
DAY 5
월 일
0 1 2 3 4 5 6 7 8 9 10분
DAY 6
월 일
0 1 2 3 4 5 6 7 8 9 10분
DAY 7
월 일
0 1 2 3 4 5 6 7 8 9 10분

등 돌리기

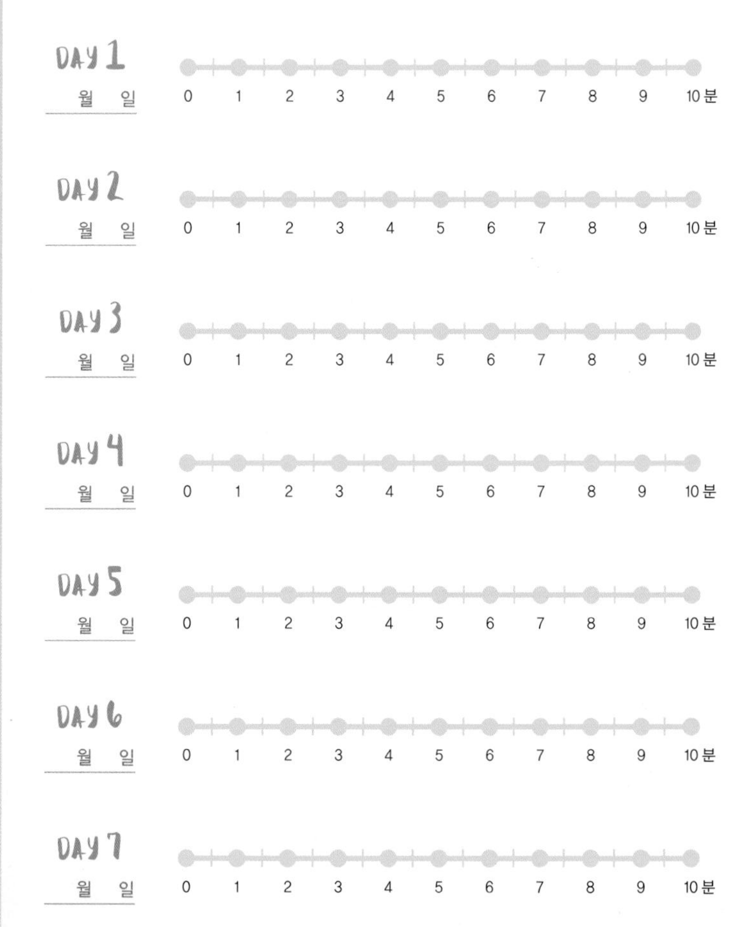

DAY 1
월 일
0 1 2 3 4 5 6 7 8 9 10분

DAY 2
월 일
0 1 2 3 4 5 6 7 8 9 10분

DAY 3
월 일
0 1 2 3 4 5 6 7 8 9 10분

DAY 4
월 일
0 1 2 3 4 5 6 7 8 9 10분

DAY 5
월 일
0 1 2 3 4 5 6 7 8 9 10분

DAY 6
월 일
0 1 2 3 4 5 6 7 8 9 10분

DAY 7
월 일
0 1 2 3 4 5 6 7 8 9 10분

코 핥기

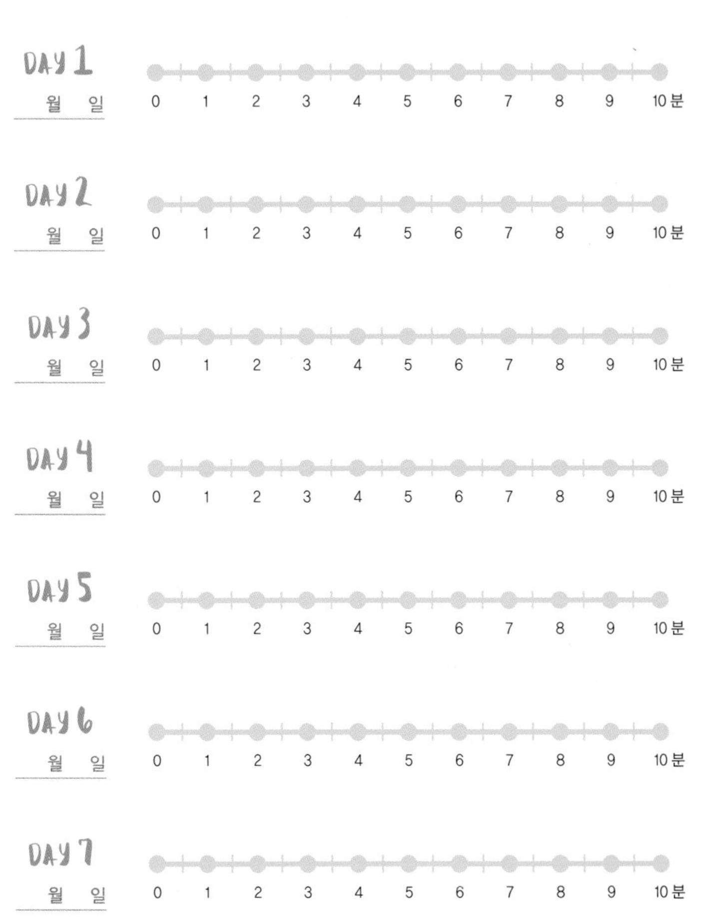
DAY 1
월 일
0 1 2 3 4 5 6 7 8 9 10분
DAY 2
월 일
0 1 2 3 4 5 6 7 8 9 10분
DAY 3
월 일
0 1 2 3 4 5 6 7 8 9 10분
DAY 4
월 일
0 1 2 3 4 5 6 7 8 9 10분
DAY 5
월 일
0 1 2 3 4 5 6 7 8 9 10분
DAY 6
월 일
0 1 2 3 4 5 6 7 8 9 10분
DAY 7
월 일
0 1 2 3 4 5 6 7 8 9 10분

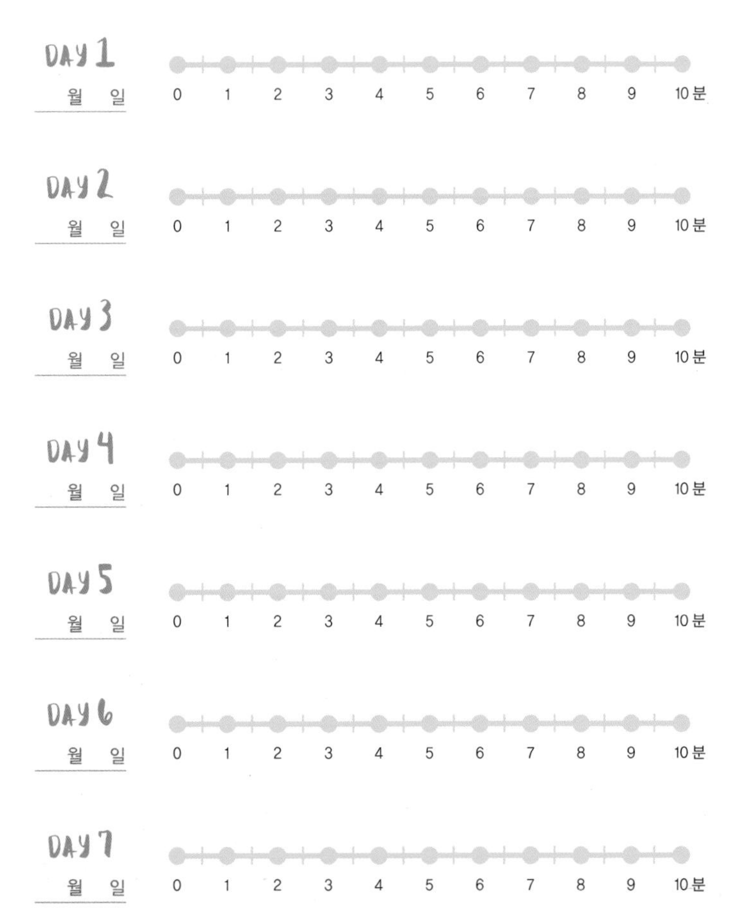

동작 멈추기

DAY 1
월 일
0 1 2 3 4 5 6 7 8 9 10분

DAY 2
월 일
0 1 2 3 4 5 6 7 8 9 10분

DAY 3
월 일
0 1 2 3 4 5 6 7 8 9 10분

DAY 4
월 일
0 1 2 3 4 5 6 7 8 9 10분

DAY 5
월 일
0 1 2 3 4 5 6 7 8 9 10분

DAY 6
월 일
0 1 2 3 4 5 6 7 8 9 10분

DAY 7
월 일
0 1 2 3 4 5 6 7 8 9 10분

천천히 걷기/느리게 움직이기

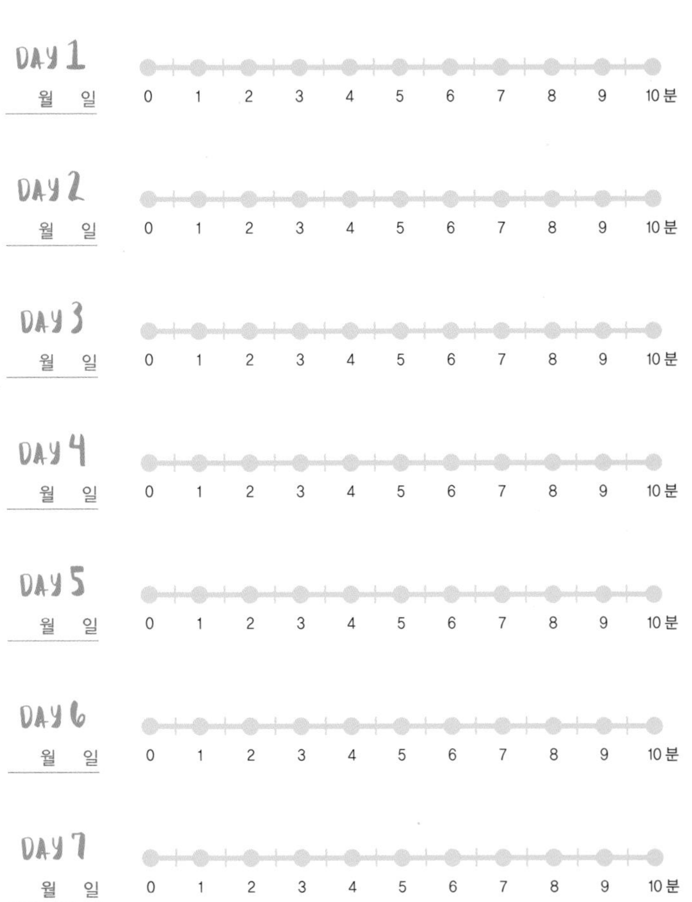

앞가슴 내리기

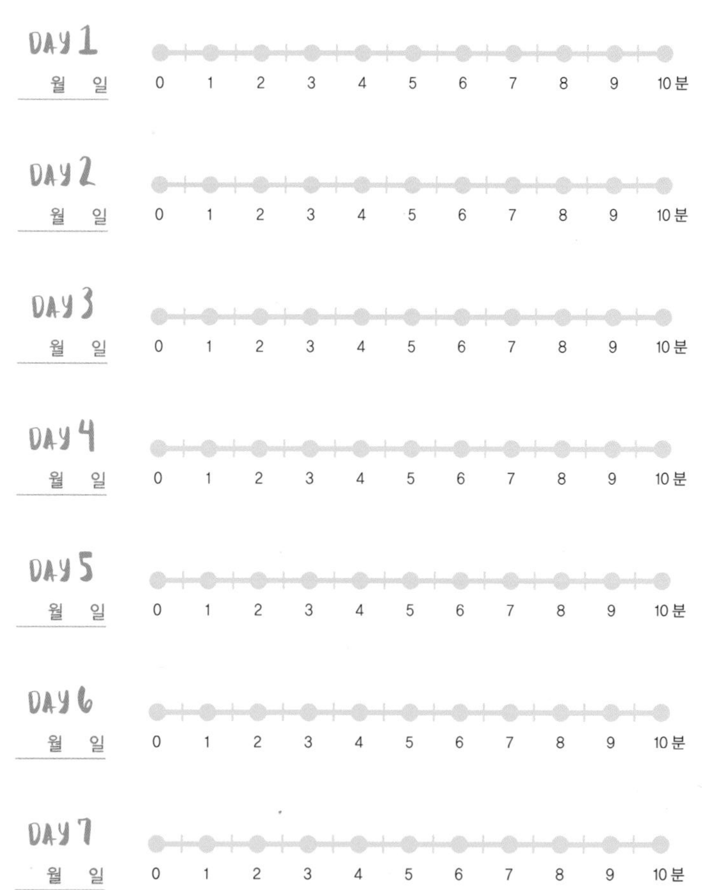
DAY 1
월 일
0 1 2 3 4 5 6 7 8 9 10분
DAY 2
월 일
0 1 2 3 4 5 6 7 8 9 10분
DAY 3
월 일
0 1 2 3 4 5 6 7 8 9 10분
DAY 4
월 일
0 1 2 3 4 5 6 7 8 9 10분
DAY 5
월 일
0 1 2 3 4 5 6 7 8 9 10분
DAY 6
월 일
0 1 2 3 4 5 6 7 8 9 10분
DAY 7
월 일
0 1 2 3 4 5 6 7 8 9 10분

앉기

DAY 1

월 일

0 1 2 3 4 5 6 7 8 9 10분

DAY 2

월 일

0 1 2 3 4 5 6 7 8 9 10분

DAY 3

월 일

0 1 2 3 4 5 6 7 8 9 10분

DAY 4

월 일

0 1 2 3 4 5 6 7 8 9 10분

DAY 5

월 일

0 1 2 3 4 5 6 7 8 9 10분

DAY 6

월 일

0 1 2 3 4 5 6 7 8 9 10분

DAY 7

월 일

0 1 2 3 4 5 6 7 8 9 10분

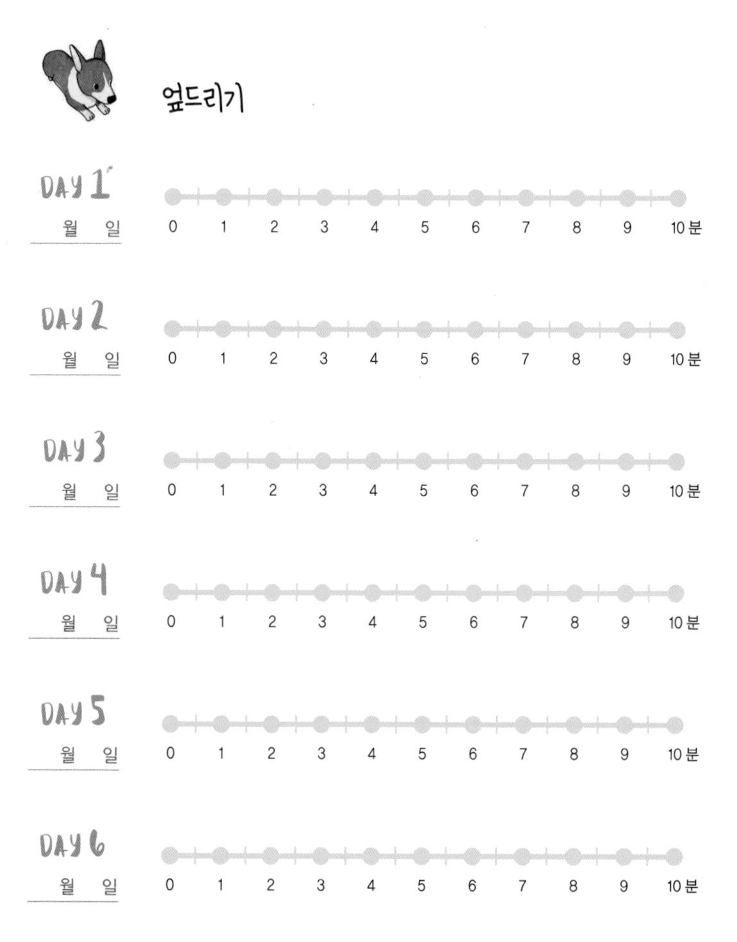

엎드리기

DAY 1
월 일
0 1 2 3 4 5 6 7 8 9 10분

DAY 2
월 일
0 1 2 3 4 5 6 7 8 9 10분

DAY 3
월 일
0 1 2 3 4 5 6 7 8 9 10분

DAY 4
월 일
0 1 2 3 4 5 6 7 8 9 10분

DAY 5
월 일
0 1 2 3 4 5 6 7 8 9 10분

DAY 6
월 일
0 1 2 3 4 5 6 7 8 9 10분

DAY 7
월 일
0 1 2 3 4 5 6 7 8 9 10분

하품하기

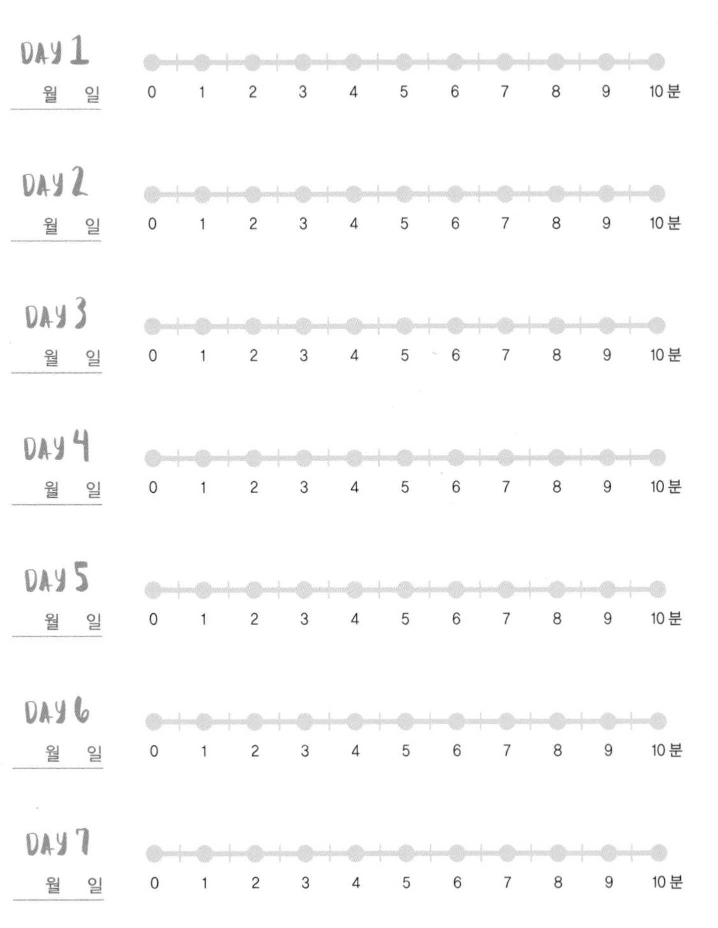
DAY 1
월 일
0 1 2 3 4 5 6 7 8 9 10분
DAY 2
월 일
0 1 2 3 4 5 6 7 8 9 10분
DAY 3
월 일
0 1 2 3 4 5 6 7 8 9 10분
DAY 4
월 일
0 1 2 3 4 5 6 7 8 9 10분
DAY 5
월 일
0 1 2 3 4 5 6 7 8 9 10분
DAY 6
월 일
0 1 2 3 4 5 6 7 8 9 10분
DAY 7
월 일
0 1 2 3 4 5 6 7 8 9 10분

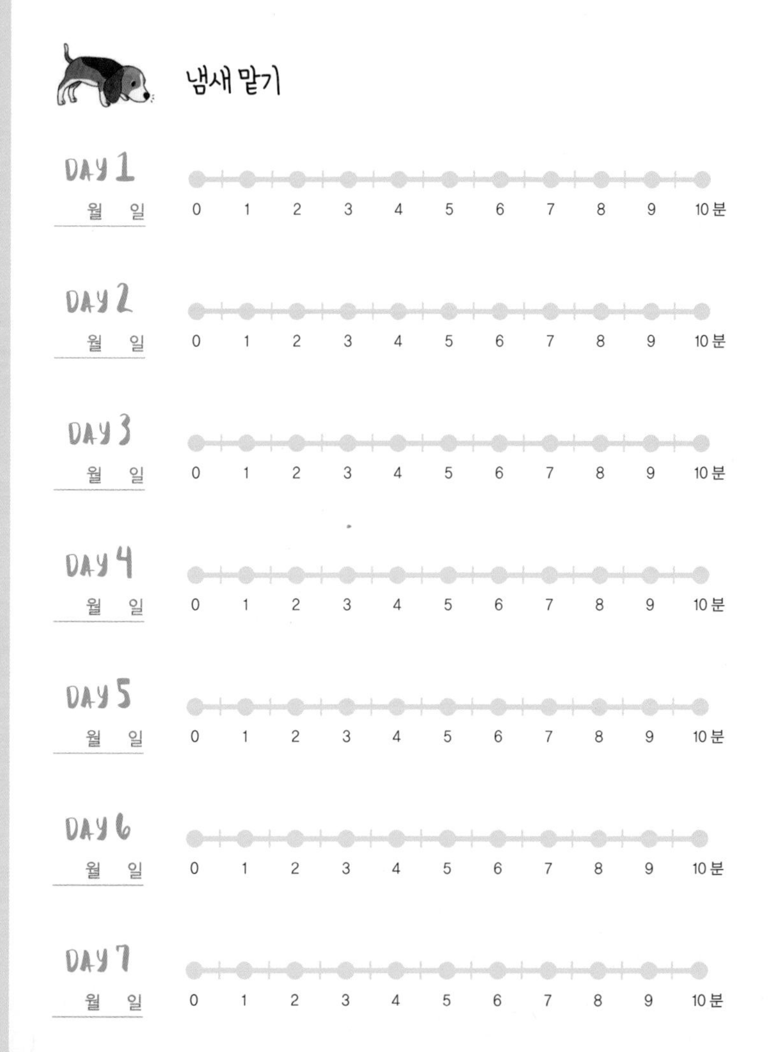

냄새 맡기

DAY 1
월 일
0 1 2 3 4 5 6 7 8 9 10분

DAY 2
월 일
0 1 2 3 4 5 6 7 8 9 10분

DAY 3
월 일
0 1 2 3 4 5 6 7 8 9 10분

DAY 4
월 일
0 1 2 3 4 5 6 7 8 9 10분

DAY 5
월 일
0 1 2 3 4 5 6 7 8 9 10분

DAY 6
월 일
0 1 2 3 4 5 6 7 8 9 10분

DAY 7
월 일
0 1 2 3 4 5 6 7 8 9 10분

돌아가기

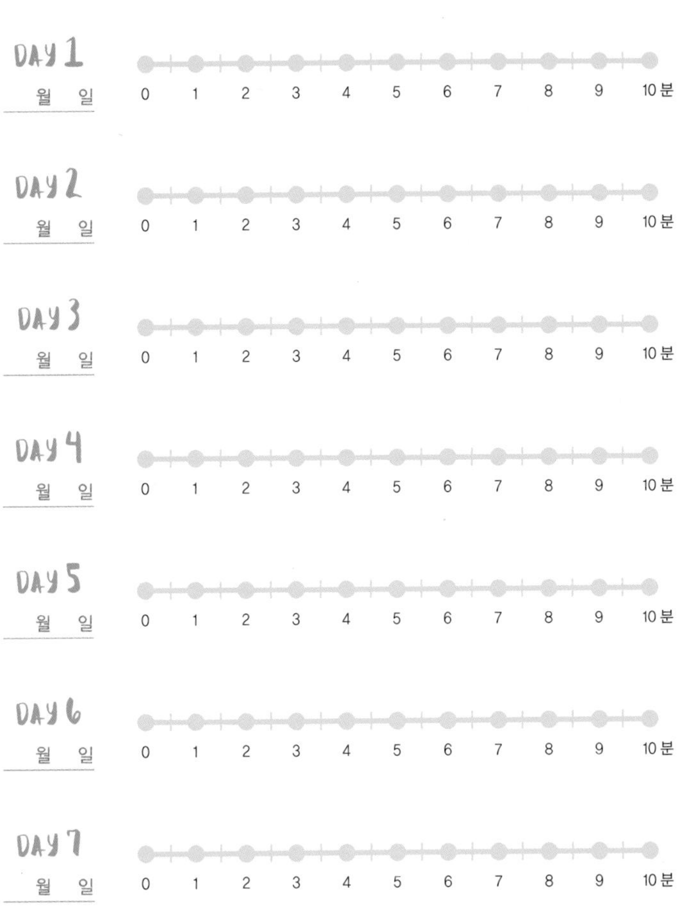
DAY 1
월 일
0 1 2 3 4 5 6 7 8 9 10분
DAY 2
월 일
0 1 2 3 4 5 6 7 8 9 10분
DAY 3
월 일
0 1 2 3 4 5 6 7 8 9 10분
DAY 4
월 일
0 1 2 3 4 5 6 7 8 9 10분
DAY 5
월 일
0 1 2 3 4 5 6 7 8 9 10분
DAY 6
월 일
0 1 2 3 4 5 6 7 8 9 10분
DAY 7
월 일
0 1 2 3 4 5 6 7 8 9 10분

끼어들기

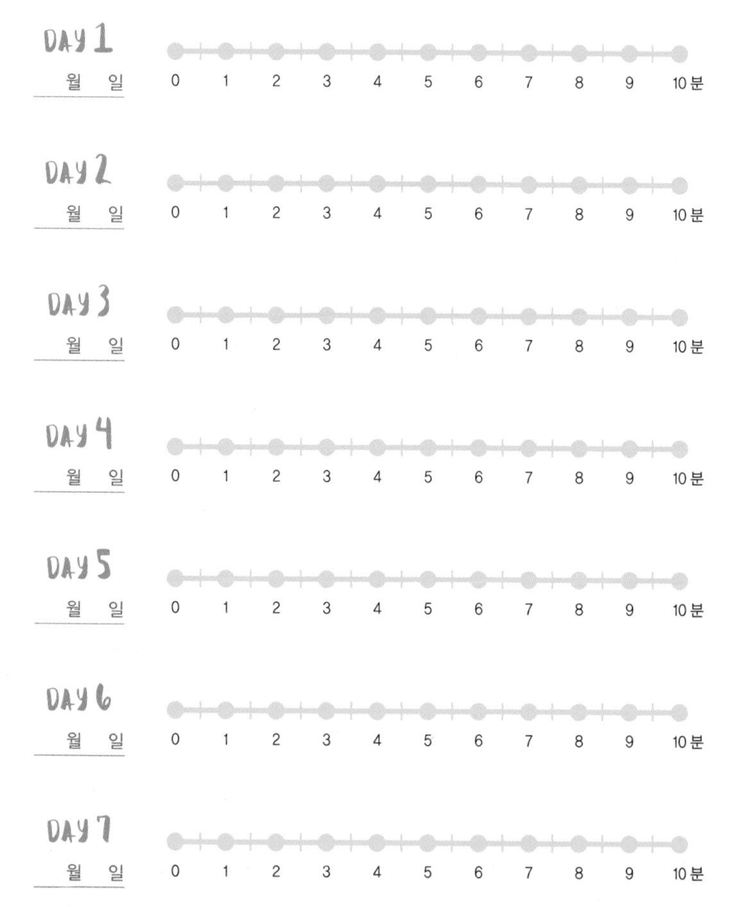
DAY 1
월 일
0 1 2 3 4 5 6 7 8 9 10분
DAY 2
월 일
0 1 2 3 4 5 6 7 8 9 10분
DAY 3
월 일
0 1 2 3 4 5 6 7 8 9 10분
DAY 4
월 일
0 1 2 3 4 5 6 7 8 9 10분
DAY 5
월 일
0 1 2 3 4 5 6 7 8 9 10분
DAY 6
월 일
0 1 2 3 4 5 6 7 8 9 10분
DAY 7
월 일
0 1 2 3 4 5 6 7 8 9 10분

꼬리 흔들기

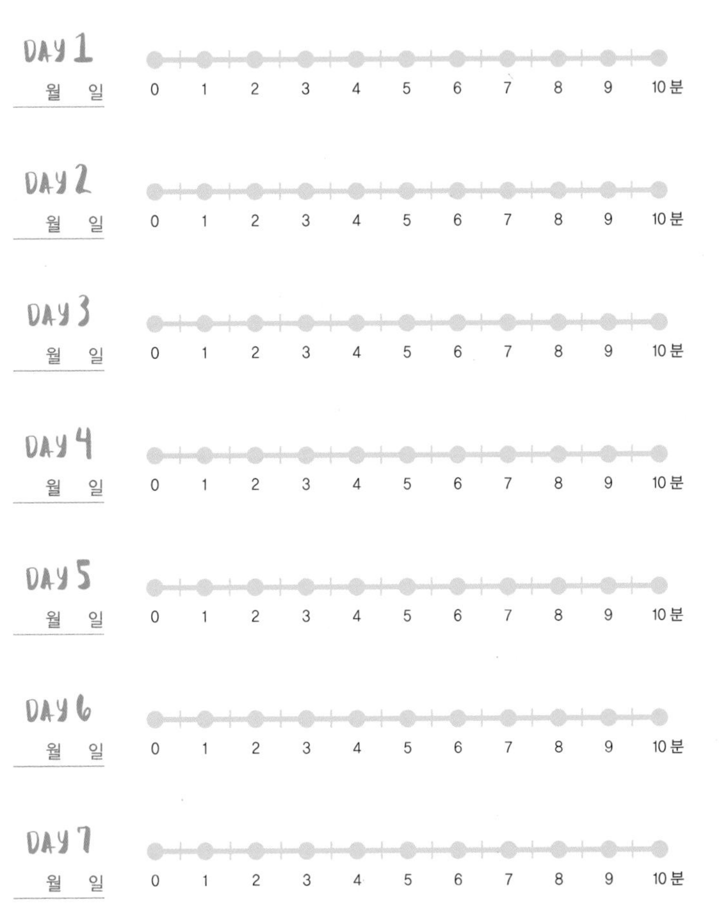
DAY 1
월 일
0 1 2 3 4 5 6 7 8 9 10분
DAY 2
월 일
0 1 2 3 4 5 6 7 8 9 10분
DAY 3
월 일
0 1 2 3 4 5 6 7 8 9 10분
DAY 4
월 일
0 1 2 3 4 5 6 7 8 9 10분
DAY 5
월 일
0 1 2 3 4 5 6 7 8 9 10분
DAY 6
월 일
0 1 2 3 4 5 6 7 8 9 10분
DAY 7
월 일
0 1 2 3 4 5 6 7 8 9 10분

276 - 277

그 외의 시그널

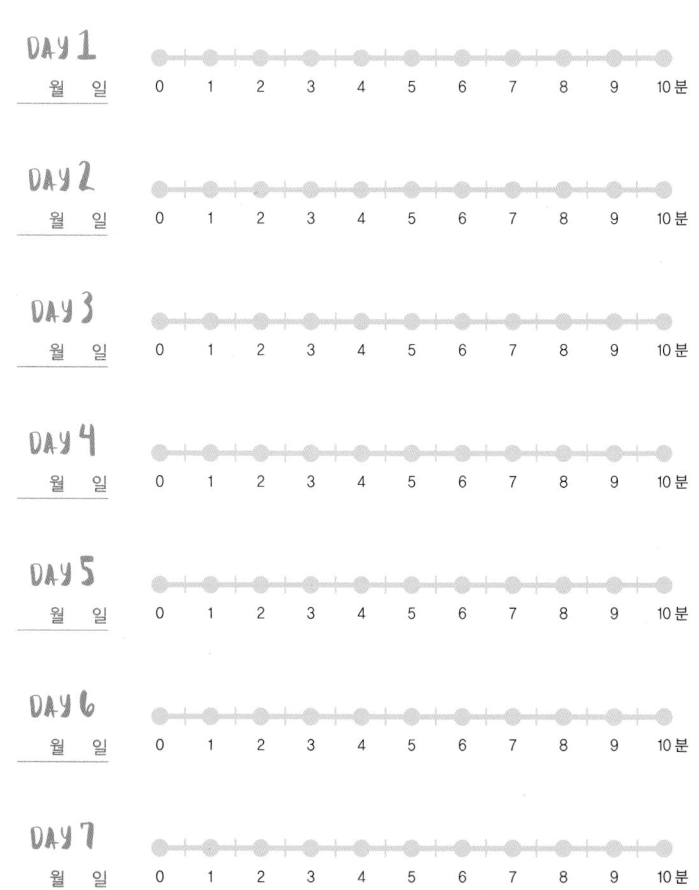
DAY 1
월 일
0 1 2 3 4 5 6 7 8 9 10분
DAY 2
월 일
0 1 2 3 4 5 6 7 8 9 10분
DAY 3
월 일
0 1 2 3 4 5 6 7 8 9 10분
DAY 4
월 일
0 1 2 3 4 5 6 7 8 9 10분
DAY 5
월 일
0 1 2 3 4 5 6 7 8 9 10분
DAY 6
월 일
0 1 2 3 4 5 6 7 8 9 10분
DAY 7
월 일
0 1 2 3 4 5 6 7 8 9 10분

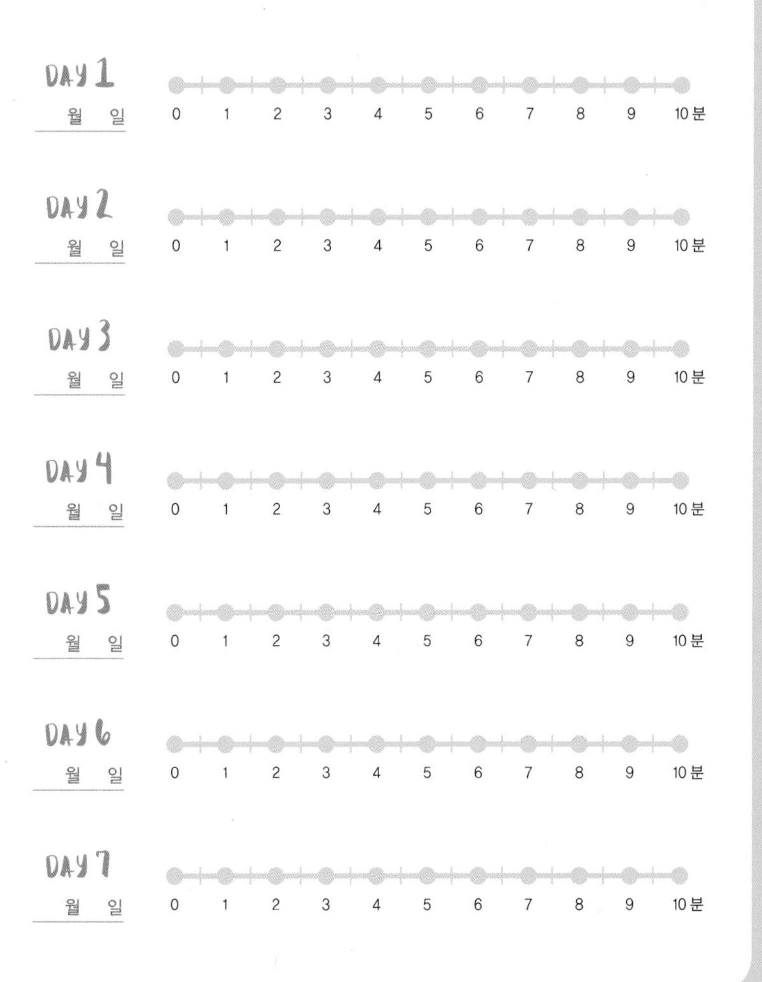
DAY 1
월 일
0 1 2 3 4 5 6 7 8 9 10분
DAY 2
월 일
0 1 2 3 4 5 6 7 8 9 10분
DAY 3
월 일
0 1 2 3 4 5 6 7 8 9 10분
DAY 4
월 일
0 1 2 3 4 5 6 7 8 9 10분
DAY 5
월 일
0 1 2 3 4 5 6 7 8 9 10분
DAY 6
월 일
0 1 2 3 4 5 6 7 8 9 10분
DAY 7
월 일
0 1 2 3 4 5 6 7 8 9 10분

세상에서 가장 아름다운 반려견의 몸짓 언어
카밍 시그널

1판 1쇄 발행 2018년 5월 18일
1판 11쇄 발행 2024년 1월 30일

지은이 | 투리드 루가스
옮긴이 | 다니엘 K.엘더
감수 및 사진 | 강형욱
일러스트 | 이한이
책임편집 | 박현아
펴낸곳 | 헤다

출판등록 | 2017년 7월 4일(제406-2017-000095호)
주　　소 | 경기도 고양시 일산동구 태극로11 102동 1005호
대표전화 | 031-901-7810 **팩스** | 0303-0955-7810
홈페이지 | www.hyedabooks.co.kr
이 메 일 | hyeda@hyedabooks.co.kr
인　　쇄 | (주)재능인쇄

책값은 뒤표지에 있습니다.
제본, 인쇄가 잘못되거나 파손된 책은 구입하신 곳에서 교환해 드립니다.

ISBN 979-11-962193-2-1 13490

이 도서의 국립중앙도서관 출판시도서목록(CIP)은 서지정보유통지원시스템 홈페이지 (http://seoji.nl.go.kr)와 국가자료공동목록시스템(http://www.nl.go.kr/kolisnet) 에서 이용하실 수 있습니다.(CIP제어번호: CIP2018013334)